U0198869

爸妈，我们需要谈谈钱

Mom and Dad, We Need to Talk

How to Have Essential Conversations with Your Parents About Their Finances

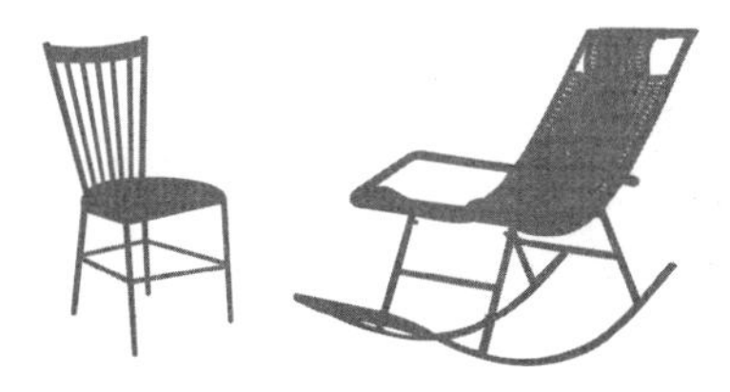

[美] 卡梅隆·赫德尔斯顿
（Cameron Huddleston） 著
宋彤 译

中信出版集团 | 北京

图书在版编目（CIP）数据

爸妈，我们需要谈谈钱 /（美）卡梅隆 · 赫德尔斯顿著；宋彤译 . -- 北京：中信出版社，2023.3

书名原文 : Mom and Dad, We Need to Talk: How to Have Essential Conversations with Your Parents About Their Finances

ISBN 978-7-5217-5309-7

Ⅰ . ①爸… Ⅱ . ①卡… ②宋… Ⅲ . ①老年人－财务管理 Ⅳ . ① TS976.15

中国国家版本馆 CIP 数据核字（2023）第 023069 号

爸妈，我们需要谈谈钱

著者：[美] 卡梅隆 · 赫德尔斯顿

译者：宋彤

出版发行：中信出版集团股份有限公司

（北京市朝阳区东三环北路 27 号嘉铭中心　邮编　100020）

承印者：北京诚信伟业印刷有限公司

开本：787mm×1092mm　1/16　　印张：15.75　　字数：137 千字

版次：2023 年 3 月第 1 版　　印次：2023 年 3 月第 1 次印刷

京权图字：01–2020–5635　　书号：ISBN 978–7–5217–5309–7

定价：69.00 元

服务热线：400–600–8099

投稿邮箱：author@citicpub.com

献给我的母亲

推荐序

与老爸老妈谈钱

刚拿到出版社发来的书稿时，望文生义，以为是本讲理财的书。仔细阅读后发现，这其实是一本亲子沟通书，讲如何与晚年父母沟通财务问题。

古今中外，人类社会共发展出个人中心、社会中心、自然中心与宇宙中心四类自我。每种自我下人际沟通模式与禁忌不同。虽然亲子沟通的禁忌不多，但大家肯定都体会过儿时问父母自己如何来到这个世上，成年后跟父母谈遗嘱、钱和死亡等时候那种自觉或不自觉的尴尬。从这个意义上来说，这本书可谓及时雨。浏览之下觉得，与老爸老妈谈钱，兹事体大，理由如下。

必要性

公民社会的无奈是必须与时俱进，要不断学习新技术，既有过程（需要处理细节）问题，又有原则方向（必须）问题。移动互联时代，线下、线上相关事务的处理成为日常，很多时候都需要我们做出正确的选择，避免为犯错误交学费。亲子关系中，钱最现实，避不开，财产更是遗嘱的主要实质内容，因此，亲子间沟通财务问题自然很有必要。

普遍性

随着社会发展，人口老龄化加速，老年人和高龄老人（尤其因失忆等致残）的绝对数量与相对比例都在不断增加。对于大多数独生子女家庭和大部分50后、60后、70后、80后、90后来说，如何为养老预备资金，是严峻的现实挑战，其现实意义重大，难以回避。

重要性

中国处于从宗族社会向公民/家庭/社区社会转型的过程中，养老问题要兼顾亲情慰藉与经济赡养。我国《老年人权益保护法》明确规定家庭赡养老人。长期照护、医药治疗、丧葬事宜、遗产处理及其他可能出现的问题将是每个家庭不可避免的议题。与其等老爸老妈缺席时再谈，何不如早谈？

困难性

当前，高龄老人的情绪问题、认知问题、意志问题（老小孩）和文化相关忌讳比较普遍，何况从娃娃时期就开始养成的不平等亲子动力学给了老爸老妈无穷的（心理优势）权力来拒绝开启此类谈话。要突破这种普遍的沟通障碍，实际上须从娃娃抓起。今天的成年子女需要克服困难，兼顾有效、无碍、信任、公平、正义，至少让沟通不至于成为当下或未来的禁忌。

紧迫性

与父母沟通财务，可以防患于未然，提早规划和安排，在老爸老妈心身状态尚健康时甚至带病生存期完成最好。

可行性

与父母沟通，要兼顾亲子沟通动力模式的共性与差异性，基于换位思考、现状，以及家中当事各方的关切、痛点，找到老爸老妈能接受的切入点、话题展开。

儒家传统教育默认的士农工商次序，在后现代社会西方文化主导的全球化时代出现了逆向排序。这本书虽然是作者基于西方社会文化总结的一系列个案、应对建议，但对今天的中国家庭来说也有参考借鉴价值，是有用的，因为中国现代化的方向不可逆转。然而，基于个人中心自我社会的经验应用于中国时要特别小心，因为中国人从来不是从个人角度考虑问题，乃从家庭角度考虑问题，尤其是沟通效果、有效沟通的拦阻、注重孝顺等方面跟西方文化的根基不一样。尽管在类似亲子关系里，经济议题同样不可避免。何况，中国文化重在从善、从亲情、从孝、从顺的基本出发点开展沟通，包括不可避免的经济沟通。然而，作者基于法律程序、公民权利的写作注定难以兼顾，我们就要提一提，至少我要提一提。就是把老人当老人，其他事儿其实“姜太公在此、百无禁忌”。现在常常是个人中心下的不信任、猜忌，包括自私，造成养儿不防老等现实；也是社会中心或者关系中心在当下中国相对弱化以后，个人中心抬头带来的必然后果。

与我们最爱的长辈父母做最好的告别，就是跟老爸老妈沟通财务问题，谈这些涉及财产的身后事。

是为序。

韩布新

中国心理学会原理事长

中国老年学与老年医学学会副会长

国家老龄委首届专家委员会委员

中国科学院心理研究所二级研究员

中国科学院大学心理系岗位教授

译者序

幸福的父母，家家相似。

不幸的老人，各有不同。

安享晚年，根本不只是钱的事儿，但钱也确实是个事儿。

我们父母的养老钱够吗？父母什么时候需要长期护理，谁来护理？何种情况下父母应该与我们同住？父母更适合去养老社区吗？紧急情况下谁有资格帮助父母决定医疗方案？高龄父母的养老金账号和密码是否需要交给子女保管？……各种想到的或没有想到的问题。

做子女的，原本认为自己孝心满满，为父母考虑得颇为周密，原本以为一些问题会自然而然随着时间解决……可是，并没有。养老的诸般事儿，反而随着父母年事渐高，没问题变成有问题，小问题变为大问题，小困难成为大负担。不仅如此，常常是我们自信地为父母安排，却并没有换来他们真正的舒坦和放松。

家家有老人，人人都会老。长寿时代下，每个人都应该拥有多段式人生。但现实的问题是，可能很多老年人正在被孤独、远离社会或是操心家事，甚或被慢性疾病所困扰。

亲人渐渐老去是个不可逆的过程。父母的安好至少是身体、精神、心理、亲情、财务等多个维度的安好。养老规划，也由此成为家庭理财规划中最复杂、最具专业挑战的部分之一，具有不可重来、不确定性高、极度个性化等特点，以致业内流传着“养老无行家”的说法。

他国他人有没有些许经验可供我们参考？这里，我真诚地向你推荐这部颇受美国家庭欢迎的理财沟通书。

请注意！这本书并不是教我们如何去为父母制定养老规划的，而是要让我们尽早认识到与父母开启关于他们晚年财务问题的谈话的重要性。

你可能会想：嗯？我们与父母相处几十年，难道和父母谈话这件事还值得大书特书？！

事实上，大量实践表明，与父母就他们晚年的财务情况进行有效沟通，比想象的要困难得多。

为了提供更优质的中文译稿，我与作者赫德尔斯顿成为电子邮件往来的朋友，讨论就财务问题进行沟通的实用性方法。

赫德尔斯顿和我有很多共同之处，我们都是深爱母亲的女儿，都拥有超过 20 年的理财实务经验，还一直笔耕不辍。

如果，我们就这样自然地认为，这本书是赫德尔斯顿与父母在养老财务沟通方面的成功经验总结，那就错了。

这本书的缘起，恰恰来自作者对自己的失败的反思。赫德尔斯顿因缺乏经验、心存侥幸、备感压力、知识盲区等原因，一拖再拖没有与母亲尽早进行沟通，结果是一方面给自己带来许多烦恼，另一方面让母亲也遭遇不必要的痛苦。看到作者真情实意地为之懊悔时，我的内心被深深触动。

养老涉及生活的方方面面，即使是满怀爱心的专业人士，在面对来自父母晚年的挑战时，仍然是猝不及防、顾此失彼。把这些捉襟见肘的狼狈记录下来，认真地加以分析解决，也许，才是专业人士对于面临同样困境的人们的专业贡献。

那么，上述这些只是作者赫德尔斯顿独特的个人人生体验吗？

非也。如果浏览赫德尔斯顿的个人网站，你会看到随着越来越多的世界各地的人们遭遇同样的问题，赫德尔斯顿频繁地受邀前往各金融机构、社区分享与父母沟通养老财务问题的经验。赫德尔斯顿这样的专业人士，在帮助众多困扰满满的成年子女解决问题时，提供了某些可供参考的方法。

从社会角度看，老龄化是大多数国家都避不开的问题。美国步入老龄化社会已近 70 年。整体来看，美国有更长的时间、更充裕的资源来解决老龄化问题。但是，美国居民家庭依然面临层出不穷的诸多养老困扰。

赫德尔斯顿的书一经出版，在美国社会引起很大反响。她所遭遇的问题，在很多家庭都有出现。人们开始意识到，即使有较完备的法律法规和社会服务体系，子女与父母之间尽早进行有效财务沟通，对于父母安享晚年也非常重要。而到底该如何进行沟通，成年子女如何才能更好地帮助父母安度晚年，这本书的作者给出了切合实际的、有效的策略指南。

中国是世界上老龄人口最多的国家，规模庞大的老龄者如何实现最美“夕阳红”，是一个事关“老有所依”的重大课题，其中有很多现实的问题有待解决。

近年来，面对老龄化带来的“银发浪潮”，多地推出规划措施，积极探索养老服务新方法。不过，无论有怎样的创新方法，子女在父母安享晚年这件事上都发挥着不可替代的作用，子女需要主动开口与父母沟通养老问题。

为了使这本书能更好地服务中国读者，发挥好实用指南的作用，在翻译过程中，我尽力追求在保证养老规划的专业准确性基础上，结合中国人的家庭文化传统和语境，将作者的文字转化成中国读者所能理解和体会的表达方式。我还尝试在自己承担的北京市教育科学“十四五”规划课题[①]中，让在校大学生运用书中提供的方法策略，结合中国优秀传统文化中的财商元素，进行家庭日常财务沟通，成功推动大学生与爸妈“谈钱”，并参与“理财家务事”，激发了同学们的学习兴趣，提升其理财沟通能力，扩展他们解决养老问题的国际视野，深受家长好评。

---

① “OBE 理念的课证融合开放式实践教学体系构建”（立项编号 CDDB21203）。

希望他山之石能为我们带来有益的启发，期待本书能为更多中国家庭的养老财务亲子沟通提供借鉴。

父母之爱子，则为之计深远。

子女爱父母呢？帮父母安度晚年。

愿天下父母生活幸福。

宋彤

2023 年初春

前言

为何与父母进行财务沟通如此重要

如果你已购买了此书或正打算购买，那么，这都是一次去了解与父母沟通他们的财务问题有多重要的绝佳机会。

如果你还没有打心眼儿里认同这件事的重要性，换句话说，你觉得与父母谈他们退休后的经济来源是什么，真正需要时父母能否付得起长期护理费用，或父母有没有遗嘱等问题没那么重要，请允许我先分享一个真实的故事，也许能帮你做出决定。

曾经，我并未意识到与母亲仔细沟通她的财务状况有多重要——这并非因我害怕和母亲谈论金钱方面的话题，毕竟，我是一个有超过 15 年工作经验的个人理财专栏作家，我对于这个主题很自信。而且我母亲并不把金钱话题视为“禁忌”，尽管她的同龄人中，有很多（包括我父亲）忌讳谈论金钱。

当母亲接近退休，我正忙于工作、生孩子，并按计划构建着自己的财务家园时，我知道，从很多方面衡量，母亲的财务状态堪称优良。母亲并不是个大手大脚的消费者，她拥有自己的房子

（无负债），生活舒适。因此，我从未想过母亲退休后或渐渐老去时，会有财务危机。当然，这并不意味着，我不需要从我忙碌的日程中，专门安排时间与母亲交流她的未来生活规划，确保她拥有舒适的退休生活。

2003 年我和丈夫从华盛顿特区搬回家乡居住时，我确实考虑过并建议母亲购买长期护理保险。毕竟母亲和父亲离异多年，在余生里，她如果出现老年疾病或其他情况无法自理时，难以得到来自配偶的支持。我认为一份长期护理保单，也许能在她需要时，帮助她覆盖相关的开销。

母亲接受了我的建议，并和保险公司的代理人进行联系。但是，没有任何一家长期护理保险公司愿意提供保险，因为母亲属于高风险人群，患有听神经瘤。对这种生于内耳至脑部神经的良性肿瘤，她选择放射治疗而不是外科手术摘除。

当母亲告诉我，她无法获得长期护理的风险补偿时，我本应借这个机会坐下来与母亲一起细细梳理她的全部收入来源，并帮助母亲计算，如果需要长期护理，她自己的收入能否支付得起。但是，我却错失良机。

命运弄人。母亲渐渐出现了记忆衰退的迹象。一开始，我根本不愿把事情往坏处想，觉得母亲不断地询问同样的问题并不断地重复一些话，是因为左耳有听神经瘤。直到有一天，在母亲房间里，事实非常残酷而清楚地表明，母亲听力不佳并不是问题的实质。

母亲问我，是否愿意看看她为钢琴新配的一只琴凳。我们一起走出房间，来到院中，看完了琴凳，然后一起回到房间，继续聊天。几分钟后，母亲又问我：“你愿意去看看我为钢琴新配的琴凳吗？”那时候我的心仿佛一下子沉到了大海深处。

情况已经清清楚楚地显示，母亲的短期记忆在逐渐丧失。我本应立即行动，请母亲把自己所有的金融账户列成清单，并且确认相关法律文件如遗嘱等是否需更新，并且与母亲交流如何支付长期护理费用等问题——因为长期护理已经不再是“需不需要”，而是“何时需要”了。

我本应如此。可是，我没有。

我认识到确实需要和母亲谈谈了。我不是担心去和母亲讨论财务问题，而是担心去和母亲说“我们需要谈谈，是因为您已经开始健忘了”——我真心不愿意成为那个亲口告诉母亲“您已经丧失记忆”这一残酷事实的人。

接下来，我找到母亲的主治医生，问他是否愿意在下一次问诊时，帮我母亲预约阿尔茨海默病的检测。让我特别庆幸的是，这位医生做了预约。接下来，母亲见到一位神经科医生，并做了检测。可母亲告诉我，那位神经科医生说，结果并未显示她罹患阿尔茨海默病。

我不信。同时，我意识到，和母亲沟通财务问题的事情不能再拖延了。我们进行的第一步，就是去预约的律师事务所更新法律文件——遗嘱、生前预嘱和授权委托书。特别是后两份文件的起草至关重要。母亲在生前预嘱中指定姐姐和我作为健康代理人，这意味着赋予姐姐和我为母亲做出健康照护决策的权利。同时，姐姐和我还被指定为财务代理人，这意味着赋予我们为母亲做财务决策的权利。

你可能会想："进展到现在，情况不坏，问题都解决了。"

事实是，问题差一点就无法解决了。

遗产规划文件是否有效，取决于很多因素。其中一项是签署该文件时，当事人必须具有完全民事行为能力，精神状态正常。当母亲签署这些文件时，她还去看过其他的神经科医师，做过多次阿尔茨海默病的检测，并最终确诊。幸运的是，律师事务所认定，母亲在签署遗嘱、生前预嘱和授权委托书时，精神状态正常，文件是其本人真实意思的表示。

如果我再推迟一点点时间让母亲去律师事务所，她很有可能将丧失签署这些文件的权利。那么，我们只能通过花费大量的时间和金钱走法律程序获得代理权，才能登录母亲的财务账户并为她进行账务管理。

这样的事情发生在我认识的一位朋友身上。我的朋友道格没有事先获得父亲的代理权，当需要取得代理权时，他父亲的阿尔茨海默病已经很严重了。结果他父亲在医院里经历外科手术、接受处理出血的胃溃疡等治疗时，道格无法通过父亲的账户支付医药费，因为没有授权委托书，银行不允许道格登录父亲的账户。

因此，我的朋友道格花了 9 个月、1 万美元通过法律程序成为父亲的代理人。他不得不请律师，请神经精神病学家在法庭上做证，确认父亲已经丧失完全民事行为能力。为了成为代理人，道格还经历了信用调查、背景调查，并且被法庭指定的调查员面谈（详情参见第 4 章）。

“最具讽刺意味的是，当你花了上万美元，经历完所有这一切时，代理权只能保持一年的有效期。”道格说。每年，他都必须去法院登记，为父亲制作最新资产净值表，并且提交自己如何花费父亲的钱及每一笔详细开支的文件。

我确实是躲过了这样的麻烦。不过，由于我一直等到母亲确实需要时，才获得母亲财务的具体信息，我不得不面临很多问题。我必须从记忆有困难的母亲那里搜集信息，这类似于你从未见过全图却要完成复杂的拼图任务。

整理母亲的文件时，我可以清楚地感受到母亲脑力的衰退。母亲的收据和缴税回执单等不再像过去那样井井有条。

饭桌上堆着信件，我不能确认哪些是需要支付的账单。有很多信件，成堆的信件，来自与母亲毫无关系的机构。显然，母亲为他们捐款了，因为对方感谢母亲捐款，并希望母亲捐出更多。

因为母亲不再清晰地记得她的钱都在哪里，其中一个账户从我的“监测雷达”中遗漏了。我从未找到过母亲有一笔价值 5 万美元的投资，直到有一天收到一份通知，说她的账户因无人认领即将被移交给财政部。这件事就发生在近些年，母亲已搬入照护机构居住了。幸运的是，我还是收回了这笔款项（因为我有代理权），并且用这笔钱支付了差不多一年的照护费用。

比分类整理母亲财务账单更有压力的事情，是做出搬往照护机构的决定。我曾经与母亲谈论过这个话题，不过谈完不久就忘了。如果在母亲丧失记忆之前，我能询问她，希望获得哪种照护方式，或者是否同意搬到一个24小时专业照护机构生活，那么当为她做出这样的决策时，我就会少些压力和负疚感。

在播客上，当我接受全球信用机构益百利（Experian）的访谈分享此事时，我并不是专门谈论我与母亲的情况。没想到，这场对话迅速上了热搜，并且持续了好一段时间。两位主持人——一位略年长于我，一位比我年轻——都希望了解如何与父母开启财务对话。访谈结束后，房间里的另外两个人同时叫住我，说他们也希望与父母开启谈话，并问我该如何开始沟通。

这让我意识到，必须帮助其他人去做那些我没有及时为母亲做到的事。我真希望，在我母亲还没有丧失记忆之前，有人能拽住我的胳膊，拉着我去和母亲进行财务沟通。当母亲罹患阿尔茨海默病时才65岁，那时我35岁。在我的身边没有这样的例子，父母失去记忆，或父母的财务需要支持。因此，我把与母亲进行财务沟通的过程，以及如何逐渐地接过母亲的财务管理权的过程记录下来，整理出"全程导航"。

现在，我的很多朋友面临着10年前我遇到的问题。他们的父母或继父母出现了需要财务援助的征兆，他们开始询问我该如何处理。

我可以很开心地告诉你们，采纳了我的建议并与父母进行了财务沟通的朋友都很顺利。朋友的父母听了建议，采取了行动，给予子女自身财务的具体信息，或者联系律师去更新财产规划的相关文件。

与即将或已经步入老年的父母对话，谈及所有与财务相关的话题，绝不是件容易的事。但是，你也没有必要像我一样经历所有困难。本书就是拽着你的胳膊，让你意识到，**现在就该去和父母进行财务沟通了**。

书中还提供了多种开场白，帮助你克服开启沟通的恐惧感；还分享了许多与父母进行财务沟通时令人鼓舞的例子；涵盖了帮助过成千上万名客户的专业人士所提供的丰富而卓有成效的建议。

需要说明的是，本书并不仅仅是为富裕家庭避免无遗嘱导致家庭纠纷而撰写的。事实上，本书对于中产家庭和低收入家庭甚至更为重要！尽早与父母进行财务沟通，通过沟通了解父母退休后财务是否存在困难，是否有应急规划等事项，非常重要。

本书对于那些想知道父母万一需要长期照护，该如何安排的家庭很有必要，因为社会医疗保险通常无法支付辅助生活机构的开支，而获得政府的医疗补助计划资格也不是非常容易的。

本书对于那些需要了解父母财务具体细节的人非常重要，因为他们也许有一天将像我一样（且我目前还在这样做）需要帮助父母直接管理财务。

诚然，不同的家庭各有不同。也许，无论我们如何努力，父母仍然会拒绝沟通财务情况。如果你使用了本书介绍的如何帮助父母开启心扉的方法，父母还是无法和你沟通，那么书中还专门提供了与你情况类似的人的案例，以及专家对于最糟糕情景的演示。

为了便于叙述，在书中我使用了“父母”这个词，事实上，很多家庭里仅有父亲，或仅有母亲。在单亲家庭里，财务沟通更加重要，因为没有配偶或伴侣给予财务支持和生活照料，你作为子女，需要给予这个年岁的父/母亲更多的帮助。

我的愿望是，帮助你从我所犯的错误，以及我做对的事情中学习。我希望作为好朋友发出声音，也帮助有类似经历的朋友分享他们的经验，在与父母展开财务沟通这类不那么令人舒服的话题时，为大家提供帮助。

最重要的是，我希望你和你的父母能说："真好，我们沟通过了。"

目录

01 克服恐惧，你需要和父母谈谈他们的财务状况

还记得小时候父母和我们说起过的两性关系吗？这些对话可能是此生最尴尬的对话，以致直到现在想起来还想躲开。或者说，这个话题实在是令人烦恼，就连父母也希望从未与咱们谈论过。

记得我问母亲，婴儿从哪里来。她回答说婴儿来自男人和女人躺在一起“做爱”。我没开玩笑——她就是这么说的。她甚至连一本写给父母如何与孩子谈“性”的书都没有读过。

如果把父母的责任从 A 到 D 分等级（A 级最高），我母亲最多只能是 D 级。

现在我有三个孩子，所以，我当然知道婴儿是怎么出生的——可这不是源于我的母亲。作为一个母亲，我知道谈论“性”有多么尴尬，以致许多父母都试图极力回避它。

“性”和“钱”是两个最令人忌讳的话题。

而事关“钱”的话题，似乎是许多人更不愿谈论的。凯尔服务公司[1]在 2016 年做的一项调查发现，超过 50% 的父母宁愿和他们的孩子谈论性，也不愿意谈论钱和年老的问题。

个人理财网站 GOBankingRates 进行了一项调查，发现 10% 的美国人感觉与父母谈“爱情”比谈“钱”来得更舒服些；9% 的人说，自己宁愿和父母聊他们的感情生活，也不愿聊财务状况。这些人都是谁？我完全理解让父母分享他们的财务细节有多尴尬，但我觉得询问父母的恋爱细节，会更尴尬。

可悲的是，当和父母沟通“钱”的问题时，许多人似乎采取了那种谈论“性”的对话方式——能躲就躲。GOBankingRates 的调查发现，73% 的成年人没有与父母进行过财务状况的详细交流。受访者不与父母谈“钱”，最常见的原因之一是他们不敢提起这个话题。

那么，这场对话为何如此令人生畏？以下只是人们提到的关于害怕问的一小部分问题的例子，比如：当父母不再能为自己做财务决策时，谁来代替他们做？当父母离世时，如何处置他们的资产？他们的愿望是什么？

- 庄森说：“我觉得和我的父母谈‘钱’，很有挑战性。我们可以讨论宗教、政治和人际关系，但钱绝对是一个禁忌的话题。”
- 奥利维亚说，她试着和她妈妈聊她退休后的生活，但是她妈妈总是转移话题。“我不敢问更具体的问题，我不想让她生气，我不想让她觉得我好管闲事。”
- “我真的不喜欢那些谈话。”诺亚说起如何讨论他父母的遗嘱，“我真的不喜欢谈论父母可能死亡的话题。”

- “和父亲谈论‘钱’从来都不是很容易的。”梅格说。梅格知道她需要和父亲进行这样的谈话，毕竟现在他快 70 岁了，目前处于第二次婚姻中，财务状况和健康问题都存有隐忧，但是她害怕讨论父亲的全部财产，“他和我继母，以及我们这个组合家庭的整体财务计划本身就已经够吓人了，我根本不敢和他一起去触碰这个话题。”

你可能也有上述这些恐惧，或者另有理由，而不愿和父母谈论他们的“钱”。不过，同样惧怕与孩子谈论“性”的父母在小时候可以绕着“弯儿”跟你说“性”，而你却不能因为恐惧就绕过与父母谈钱这件事。因为没有父母的参与，你就无法了解父母的经济状况，这跟没有父母的性教育，你照样能了解婴儿如何出生完全不同。

时光飞逝，如果能更早地与父母沟通，你就能更好地提前准备，在他们的财务生活中发挥作用。

更重要的是，我们需要认识到，害怕听到父母可能“经济状况不佳”本身，可能远比解决实际财务问题更令人恐惧——这份恐惧会自动放大。

恐惧和实际情况

你脑海中一直在上演的场景可能并不会成真。如果和父母关系良好，你会发现询问经济状况不会演变成争吵。事实上，父母可能会感激你为他们着想。不过，如果你和父母关系紧张，那就没那么容易了。话说回来，与其因害怕询问父母经济状况而不与父母交谈，还不如相信实际情况可能没有想象的那么糟糕。

恐惧：我的父母会认为我爱管闲事。

实际情况：他们可能很高兴你能问他们，因为他们一直想和你谈谈。即使是那些不愿意沟通的父母，从长远来看，也会感激你能主动与他们交谈，并在金钱事务上协助他们。

作为一名会计，丽莎总是很乐意和别人谈论“钱”的问题。可是，她可不想和自己的父母进行财务方面的沟通。她说：“我既想确保父母在经济上有保障，又不想显得太爱管闲事。”

然而，当她发现年迈的父母住在一套对他们来说维护成本过高的房子里时，丽莎不得不克服这种恐惧。她说：“我和我的兄弟姐妹都希望父母搬到一个退休社区[①]，这样可以减轻他们的压力。母亲接受了这个建议，但父亲一直认为，既然有自己的房子，租房就是一个糟糕的主意。”

于是，她和父母一起坐下来，查看他们的支票，计算他们住

① 退休社区或退休村（retirement-type village），其所有权和管理方式多样，所有权可以归属于公司、慈善信托、合伙企业或个人。政府提供相应援助。例如，新西兰《2003年退休村法》明确规定了居住或准备进入退休村的人们的权利和义务，并规定了所有注册退休村经营者的责任和执行架构，以及监管要求。——译者注

在自己家里的开销。然后她整理了一份预算，显示他们住在退休社区要花多少钱。她说，父母对数字感到震惊。

父亲仍然不愿意搬家，尽管他已经与前列腺癌斗争了多年，健康状况每况愈下，已很难继续待在家里。她说："爸爸，咱们很快要买轮椅了，而咱们家里这些 1929 年的门框不够宽大，轮椅进不来。"

父亲回答说："我现在感觉还好，我想等我实在坚持不了了再说。""如果等那么久，您就得住到护理中心而不是独立生活了。"丽莎提醒父亲，"那母亲就不能和您住在一起了。"

这招奏效了，丽莎的父亲同意搬家。在退休社区住了一个月后，他把丽莎拉到一边，对她说谢谢。父亲说他很高兴能住在这样一个地方，可以四处转转，那些他已经做不了却不得不做的事情，也都没有了。

"遗憾的是，我们今年失去了爸爸。不过，我们可以围在父亲的病床边，陪他走完人生的最后一程。在人生的最后时刻，他的妻子和孩子都在身边，我父亲是满足的。"丽莎说，"我给朋友以及他们上了年纪的父母最好的建议是，在重大的生活变化发生之前，尽早开始对话，谈谈'如果'。如果我们早几年让父亲搬进退休社区，他的生活压力会早一点大大减轻。"

恐惧：我的父母会认为我很贪婪。

实际情况：如果你清楚地表明，你是出于关心父母的健康而询问他们的财务状况，他们会看到你把他们的利益放在首位，而不仅仅是考虑自己。

贝基快30岁的时候，一个病了好几年的世交去世了。贝基观察这位女士和她的家人是如何提前对告别人生做好应对的，并开始思考自己60多岁的父母会采取哪些措施来确保在他们离世以后家庭资产平稳过渡。

贝基特别想知道，如果发生了什么事，身为独立音乐人和作家的父亲是否已经计划好允许她和她的兄弟姐妹接手自己的生意。问这个问题时她很紧张，因为她意识到这是一个让人非常不舒服的话题，她不想让父亲觉得她是想继承遗产。但她意识到，如果她不主动开口，家里的其他人都不会主动开口。

贝基说："我是在父母和我的兄弟姐妹在场的情况下，顺便提起这件事的。他们先是一笑置之，问我是否想摆脱父母，和父母说'再见'。"

她的动机一点都不贪婪，而是关心，所以她坚持不懈。"我谈到了那位世交，以及她是如何计划和准备的。"贝基说，"我说，我当然不是想和父母说'再见'，但我们这些孩子应该知道父母都想要什么。"

贝基的父母告诉她和她的兄弟姐妹，应该让律师和会计师处理这些。几个月后，父母告诉贝基，他们已经与律师会面，更新了遗嘱，指定她为遗嘱执行人。父母说，她和她的兄弟姐妹在父母离开之后将成为父亲公司的董事，父母的房子会被卖掉，所得会分给他们。

贝基说："能和父母谈谈这个计划真是让我松了一口气，因为我知道了家里的现金、房产该如何处置。"

恐惧：我的父母会生气，我们的关系也会被破坏。

实际情况：如果父母因为你询问他们的财务状况感到不舒服，他们可能会暂时不太喜欢你。但他们是父母，是不会停止爱你的。事实上，你们的关系可能会变得更好。

如果和父母关系良好，你可能不必担心因询问他们的财务状况而冒犯他们。20多岁的里士满发现，和父亲谈钱一点也不尴尬或不舒服。事实上，他说当得知父亲在经济上为退休做了准备时，他松了一口气。

2015年，祖父去世后不久的一个晚上，里士满和父亲坐在门廊那里，就生活、家庭和财务问题聊了几个小时。里士满说："我们聊了很长时间，父亲说到我们买房子花了很大一笔钱，他把退休储蓄放在首位，同时为我们这些孩子提供了高质量的生活，还有其他一些他在整个退休过程中采取的不同做法。"

在整个谈话过程中，里士满通过提问来获得更多的信息。父亲对他们房子的价值、从爷爷那里继承的财产以及他的退休计划都相当坦诚。里士满说："我记得我特地问过父亲什么时候退休，对退休是否感到紧张。"父亲告诉他，自己已经攒够了钱，可以舒舒服服地生活，而不会给里士满和他的姐妹们增加负担。

里士满说，那一刻令他感到难以置信的自在。从那天起，沟通一直十分顺畅。他说，谈话的另外一个好处是，他从爸爸那里学会了如何管理自己的财务。

恐惧：如果我的父母不听我的，我将永远无法让他们开口和我谈论财务状况。

实际情况：你可能不得不一试再试，而父母最终可能会改变主意，意识到你只是在帮助他们。

和父母谈论他们的经济状况，你不会只有一次机会。当然，你也不必一次解决他们的所有财务问题。事实上，正如惠特尼发现的那样，这应该是一系列持续的对话。

当惠特尼在婚姻中遭遇经济困境时，母亲把自己的钱存进了惠特尼的银行账户，这让惠特尼度过了经济困难期。离婚和再婚后，惠特尼的经济状况步上正轨，但母亲开始遇到经济困难。

惠特尼的父亲去世了，母亲失去了丈夫的社保收入。“但是母亲仍然像她有两份收入那样花钱。”惠特尼说。有一次，她检查了母亲的银行账户，以确保一切正常，结果发现，账户余额是0。

惠特尼给母亲发短信问她是否需要钱，母亲回了短信：“你在说什么？”然后，惠特尼打电话告诉母亲，她的账户里没有钱了。

惠特尼说，母亲当时非常尴尬，不想谈这件事。但惠特尼没有退避，这为接下来讨论母亲赚多少钱以及花销多少打开了大门。她和母亲讨论了如何区分生活里的“必要”和“想要”，一起仔细研究了母亲的所有开支，找出了可以削减的部分。

惠特尼说：“对母亲来说，这是一次有些羞愧的经历。幸运的是，母亲没有和我争吵。她很乐意接受谈话。坦率地说，她很感激。我想母亲之前并没有意识到她是怎么花钱的。”

恐惧：我知之甚少，甚至不敢尝试。

实际情况：阅读本书有助于你开始。

人们必须经过多年的课程学习和培训，通过考试获得相关证书，才能成为金融专业人士，帮助他人理财。那么，如何成为一个理解自己财务状况的普通人呢？如何开始和父母谈论，他们是否已经采取了一切必要的措施让自己的财务正常运转呢？你甚至可能不知道从哪里开始或者问什么，一想到财务问题，你就会出一身冷汗，而与父母谈“钱”的想法令人恐惧。

放松，深呼吸。这就是我写本书的原因。你不必非得成为一个金融专家，才能与父母进行财务沟通。我告诉你什么该说，什么不该说。我向你解释父母可能不愿意与你讨论他们的财务状况的原因，这样你就可以找出最好的方法来开始对话。然后，我会给你各种各样的开场白，让你选择最适合自己的。

阅读本书，你会得到与你兄弟姐妹交谈的技巧，这样你们就可以达成共识，避免将来因为处理父母的财务问题而争吵。你会了解，需要从父母那里收集什么样的详细信息。另外，你还会学到如何准备一些重要的法律文件，比如用你能理解的语言写遗嘱、授权委托书和医疗指示。

你还会了解如何开始棘手的话题，如长期护理。如果父母不愿分享他们的财务细节，你还可以采取一些策略来帮助他们敞开心扉。如果父母不愿意和你对话，本书也提供了一些合适的建议。

这样做的目的是让你感到舒适和自信，能够与父母进行富有成效的对话，这对他们和你都有好处。而且，说实话，这还没有谈“性”那么尴尬。至少你不会在谈话结束后，脑海里还是那个尴尬的画面。

练习

写下你最害怕谈论的关于父母的事情。写在纸上，同时把它们从你的脑海中抹去。你的恐惧可能与本章所列的类似，也可能不同。

思考一下：当向父母询问他们的财务状况时，你对他们反应的恐惧。从 1 分到 10 分，为你的恐惧程度打分，10 分是最有可能发生的。然后，写下至少一个你的恐惧不会变成事实的理由。

例如，你可能担心，若询问他们的财务状况，你和父母的关系会受到损害，因为在家里，“钱”一直是禁忌的话题。你给这种恐惧打了5分。但是当你写下你和父母的关系很好时，你会意识到父母可能对这个话题感到不适，但也不会生气到不和你说话。

这个练习将帮助评估你的恐惧有多合理，并帮助你意识到，对话可能会比你想象的好。

02 不要迟疑，尽早开始和父母谈钱

当和父母谈论他们的经济状况时，我们可能犯的最大的错误就是认为谈话可以再拖一拖，再等一等。你可能会和自己说："当他们的健康出现问题或财务状况出现问题时，船到桥头自然直……"

不过，真要到了发生这些情况的时候，可能就太迟了。

我和我的母亲经历了这个过程，到现在我仍然后悔。本书前言中提到，我的母亲 65 岁被诊断患上阿尔茨海默病，当时我 35 岁，我的孩子还在用尿布。我从未想过我得开始照顾母亲，事实上，我一直以为，母亲可以帮我照顾孩子。

即使在母亲开始表现出失忆迹象时，我还在为母亲是否该留在我和我的孩子身边犹豫不决，所以我一直不急于和她讨论"如果"的问题："如果您在财务上开始遇到麻烦怎么办？如果我必须为您管理您的钱，该怎么处理？如果需要，您愿意搬进辅助生活机构还是专业护理中心？"

我不想谈论钱的问题，因为这意味着我必须面对母亲失忆的事实。我推迟、拖延谈话，直到发现如果再不进行的话，我将无法完成这场艰难的谈话。

我必须确保自己有合法的权利来帮助母亲做财务和健康决定。这意味着要与律师会面，委托他们起草相应的文件和委托书。幸运的是，当我母亲的记忆开始衰退时，律师仍然认为母亲有足够的能力进行授权。

要知道，为了保证授权委托书有效，签署授权委托书时，当事人必须拥有完全民事行为能力。换句话说，如果我一直等待，而没有鼓励母亲约律师更新她的财务规划法律文件，母亲可能不再有机会在该文件上签字。

如果没有授权委托书，一旦母亲丧失管理能力，我也不能帮助母亲管理财务。银行、投资公司、信用卡公司和保险公司等都不会允许我在没有得到母亲授权的情况下帮母亲进行任何金融交易。而且，我需要通过法律程序才可以被确定作为母亲的监护人。走法律程序可能是一个漫长且需要支付高昂费用的过程，而且你还必须从医院取得证明——通过医生的诊断来证明父母已经失去民事行为能力。

相比而言，获得授权委托书要容易得多。在取得母亲的委托授权后，我做了一些调查工作来弄清楚母亲的账户、收入来源和需要支付的账单。其实，在母亲健康状况恶化之前，我本可以提前做一些工作，以避免我和母亲的慌乱与压力。但是像很多人一样，我认为谈话还可以再等一等。

富达投资（Fidelity Investments）[1]的一项调查发现，有近

40% 的成年子女认为，关于父母财务状况的谈话应该在父母退休之后，或父母的健康或财务状况出问题以后再说；另有 11% 的人认为，在父母退休前，根本没有必要进行讨论。这种观望态度是完全可以理解的。我们当中的许多人都忙于自己的日常生活，不会停下来花点时间想想和父母谈谈他们的经济状况及退休生活。

我们总觉得，以后会有时间的。我们也可能认为，父母已经做好了他们的财务规划，做好了最坏的打算，所以没有必要讨论。或者我们也可能认为，父母需要帮助的时候，自会来找我们。

错！错！错！

我知道这听起来像是操场上那个专横的孩子跺着脚说的话。不过，根据我的个人经验，根据无数金融统计结果以及专业人士的研究，父母有很大概率并不会很好地处理金钱问题，他们可能不会主动谈论财务状况，或者即使有需要，也不会主动寻求帮助。最重要的是，时间真的不饶人。

你父母可能是各管各的钱

让我告诉你一个小秘密：很多父母也许并没有很好地规划他们的财务。我怎么知道的？因为很多成年人没有赚到足够的钱，没有为退休、长期护理，甚至百年之后做足够的准备。请看这些统计：

- 一项盖洛普民意调查（Gallup poll）[2] 显示，年龄在 50 岁至

64 岁之间的成年人有近一半人**没有遗嘱**，超过 1/3 的 65 岁及以上的成年人没有遗嘱。

- 美国退休者协会（AARP）的一项研究发现[3]，在 50 岁以上的成年人中有 55% 的人**失去了民事行为能力**——在法律意义上为他们自己做财务决定的能力。
- Caring.com[4] 的一项调查发现，近一半的成年人**没有指定自己失能时为自己做健康医疗决定的委托律师**。
- 退休保险协会（Insured Retirement Institute，简写为 IRI）[5] 的一项调查发现，在 53 岁至 69 岁的婴儿潮一代中，45% 的人**没有为退休存足够的钱**。
- IRI 调查发现，婴儿潮一代只有 27% 的人认为他们已经为退休准备了足够的**医疗费用**。
- 根据城市研究所的调查[6]，55 岁至 60 岁的成年人中只有 5% 的人拥有**长期护理保险**，65 岁及以上的成年人中只有 11% 的人购买了保单。

你可能会想："父母没有遗嘱或遗产规划文件，没有充足的退休储蓄，或没有支付长期护理费用的保单，那又怎么样？"那到底会怎么样？

请看：

你的经济状况可能遭受重击。如果父母需要长期护理，你可能不得不停止工作去照顾父母，但你必须维持收入，并攒够自己的退休费。美国医疗补贴可以贴补在专业护理中心和在家的照护。

不过，该医疗补贴通常不会涵盖辅助生活机构和专业机构的长期护理开支，拥有长期护理保险才可以支付此类开支。

你或你的兄弟姐妹可能无法拥有合法的权利。如果父母没有给予你们授权书或健康委托书，你或你的兄弟姐妹将无法帮助父母做财务或医疗保健决定。一场意外或疾病随时都有可能损害父母的健康。当父母失去民事行为能力，就不能再签署这些法律文件了。

可能爆发家庭纠纷，而且是旷日持久、代价高昂的法庭之争。如果父母没有留下遗嘱就离世，谁可以继承遗产？也许事情不会那么糟，但肯定会在家庭里造成紧张和怨恨。

如果父母没有理财措施，上述这些只是你可能承受的小部分后果。现在，你明白为什么和父母谈财务不能等待了吗？并没有？好，我继续。

父母可能永远都不会主动开始这样的谈话

“钱”对你而言可能不是一个禁忌话题，但它很可能是父母那一代的忌讳话题。接受阿默普莱斯金融公司调查[7]的婴儿潮一代，有 50% 或更少的父母会同意在自己家里公开讨论财务问题。很多老年人可能仍然坚信，财务问题是隐私，不应公开讨论。因此，他们不会来找你，也不会给你打电话说：“嘿，孩子，让我们今天就财务问题进行一次推心置腹的讨论吧。”

父母不愿和你谈论他们的财务状况，他们可能会因没有掌控自己的财务状况而感到尴尬；或者他们可能会觉得提“钱”的问题，给你增加了负担；或者财务问题并不是父母最优先考虑的事情。阿默普莱斯金融公司的调查发现，询问婴儿潮一代为何不跟孩子谈自己的财务状况时，他们给出的常见理由是“还没抽出时间”或“还没想过”。如果你是婴儿潮时期出生的人，这些也可以解释为什么你的父母不跟你说他们的财务状况。还有很多其他的原因，我们将在本书第 3 章中进行更详细的讨论。

有趣的是，即使父母不会主动和你谈论他们的财务问题，但随着年龄增长，父母很可能希望得到你的帮助。富达投资的一项家庭与财务研究调查[8]发现，父母希望他们的愿望被了解，这些愿望包括：

- 69% 的父母希望自己的孩子中的某一个能帮助他们管理退休后的财务。但 1/3 被父母期望担任这一角色的孩子，并不知道自己的父母有这种愿望。
- 72% 的父母希望，如果有必要，由自己的某一个孩子担任其监护人。但 40% 被父母期望承担这一角色的孩子，并不知道自己的父母有这种愿望。
- 92% 的父母希望自己的某一个孩子，成为他们的遗产执行人。但 1/4 被父母期望承担这一责任的孩子，并不知道自己的父母有这种愿望。

你难道不想知道，父母是否等着你在他们的财务生活中扮演一个积极的角色或照顾他们吗？你难道不想现在就知道而是要等到那一天才知道？

与父母对话没有“太早”，只怕“来不及”

有时，你所认为的那些“能完全掌控自己的人生及财务”的父母也未必能掌控人生。我父亲是一名律师，一位专业人士，但父亲在61岁去世时，却并没有留下遗嘱。我以为父亲总是替别人写遗嘱，这是他的工作，所以他会为自己安排好一切。我从未和父亲提起过死亡或金钱之类的话题。在父亲去世前一年，我结婚的时候，我本来有一个和父亲谈话的好机会。因为我已经结婚了，我本可以问他，是否有给我的、与我有关的遗嘱等法律文件，并记录下父亲对他财产的安排，但我没有意识到我需要这样的谈话。最后的结果是，在父亲去世后，我和我妹妹陷入尴尬境地。因为多年前，我父母就离婚了，之后父亲再婚。现在因为父亲没有遗嘱，我、我妹妹、我的继母和继弟，以及其他亲人，永远不知道父亲想要如何分配他的财产。

现在我有了几件父亲的遗物——包括我现在用来写这本书的古董卷盖书桌——这要感谢我了不起的同父异母的兄弟，是他让我得到了它们。继弟的母亲死于癌症，享年64岁。不过，并不是每一个老人死后没有留下遗嘱的家庭，都是这么和谐的，尤其是经历过几段婚姻，又在几段婚姻里拥有婚生子。从整个事件来看，我感到自己是十分幸运的，因为事情原本有可能变得很糟。

事实上，如果我当时能认识到，和父亲提前沟通财务和遗产规划等问题的重要性，父亲去世后的各种尴尬也许可以完全避免。但和许多人一样，我并没有去和父亲谈话。

我的经验表明，这种观望与等待并不是一个好办法。你可能认为像我这样，父亲在相对年轻的时候离世，没立遗嘱，母亲65岁时被诊断为阿尔茨海默病，这种情况发生的概率很小。而我，可以用数据来证明这种可能性比你想象的要高。不过，也许只有你看到认识的人中，有父母因疾病、失能、离世或只是资金管理不善等陷入困境，子女不得不介入父母的财务问题时，你才会感同身受，更加信服。

我知道很难想象我们的父母有一天会变老、会离开。当我们还是个孩子的时候，父母教我们把多余的零钱放在储钱罐里藏起来。现在，你也需要这么做，确保父母的账户里的钱不会被骗子掏空。以前，父母教你管好钱，确保有吃的，有穿的，有住的。现在，轮到你确保他们在退休后拥有同样的福利和储蓄，过上舒适的生活。小时候，父母照顾过你。现在，你也要这么做，去照顾父母。和父母谈论财务问题，可以实现以上所有的好处，并把那些让人不舒服的问题提前摆到桌面上加以解决。越早开始和父母对话，效果越好。原因如下：

- 若父母没有足够的钱安排舒适的退休生活，尽早沟通将有助于你和父母有更多的时间去做计划，尽可能安排舒适的退休生活。

- 你和父母将有更多的时间来讨论，万一出现疾病或意外情况，父母无法照顾他们自己时，他们想要哪种护理，并该如何支付。
- 你和父母将有更多的时间沟通，他们希望你担任哪些角色，比如授权委托人或监护人，通过签署法律文件确定下来。

最重要的是，尽快和父母交谈，会让你平静下来，然后花时间和父母从容相处，万一有一天他们需要帮助，你不会陷入纠结和困扰。

爸妈，
我们需要
谈谈钱

03 父母为什么不愿开口

Mom and Dad
We Need to Talk

阿曼达知道她需要和父母谈谈他们的财务状况，但父母不愿对话。

阿曼达的父母一生中大部分时间都在努力工作，但收入并不高。母亲在家照顾她和两个妹妹，直到她们开始上学。之后，母亲在麦当劳和布莱克汉堡店工作，还去学习律师助理课程。后来，母亲一直为一位律师做助理。2017年，律师因健康问题被迫缩减了业务，母亲失去了工作。从那以后，母亲一直帮助照顾她年迈的母亲，她的公公，还有她侄女的小孩。另外，母亲一直做一些兼职，为另一名律师工作。

阿曼达的父亲则做过各种各样的工作，包括监狱的狱警和炼油厂实验室的工人。目前，他在县财产评估办公室工作，而这个县面临破产，父亲可能会失去工作。“虽然我父母一直都很节俭，小心翼翼地花钱，不过，我知道父母一直担心他们的财务出状况。”阿曼达说。

“他们有个人退休账户，我父亲通过他的工作还获得了一些退休福利——不过，说实话，我不知道他们有多少钱。父母不愿与我分享他们的财务情况。”

事实上，阿曼达在成长过程中，父母一直教育她和她的妹妹们“谈钱是一个禁忌”。父母还教过她们，如何通过改变话题来避免谈“钱”。阿曼达说，考虑到父母的现状，她担心父母未来的财务状况。不过，她知道父母不想和她讨论“这事儿”。

约翰记得，在他成长的过程中，父母从不谈钱。若谈话中提到“钱”，他们会想办法转移话题。或只要提起钱，父母总是会谈如何被钱“折磨”。

像他们那代人一样，约翰父母的父辈就是这样教育他们避免谈论金钱“这事儿”的。在约翰和姐妹们小时候，父母从不与约翰他们兄弟姐妹讨论财务问题。随着孩子们年龄渐长，关于钱的对话也变得越来越难。这不仅仅是因为约翰的父母认为钱是一个禁忌话题，也因为父母一直为对金钱管理不善感到羞愧。

约翰小时候，他的父母赚了很多钱。“但他们花得更多。”约翰说。由于收不抵支，父母在经济上陷入困境。在约翰 17 岁时，为了支付账单，他们甚至不得不把约翰银行账户里的钱都拿走了。

约翰的父母现在离婚了，在财务上很窘迫。父亲已经失业了，而且他已经在约翰的一个姐姐那儿住了10年。母亲还在工作，而且很可能会一直工作下去，因为她没有退休金。约翰——现在已经是个成功的企业家——试图帮助父母更好地处理财务状况。不过，约翰说，由于父母的羞耻感和自尊心，这种帮助一直没有达到什么效果。

一些父母会公开讨论他们的财务状况，但也有很多人，比如阿曼达和约翰的父母，会回避。

知道父母不愿谈话的原因，可能会帮助我们找到开启对话的最佳方式。为什么？设身处地想——像你在童年听父母说话那样。想象一下，如果像父母那样考虑钱的问题，你就得会用一种让他们感到舒服或不抵抗的方式来讨论钱。

如何做呢？首先确定一下，老年人不愿意谈钱的常见原因，哪些是适用于父母的。

他们认为谈“钱”是很忌讳的

回首童年，当问父母赚了多少钱，家里的车值多少钱，家里是富有还是贫穷时，父母告诉过你谈论“钱”是不礼貌的吗？

老一辈人通常会回避钱的话题，因为他们被告知谈钱是一种禁忌。

金融心理学家布拉德·孔兹博士[1]说：“对于父母，与其与孩子谈钱，不如谈性。”因为，父母会认为谈“钱”更尴尬，令他们更不舒服，这源于关于钱的谈话禁忌是根深蒂固的。

如果是这样的话，**请不要一开始就尝试与父母进行关于金钱的谈话**。本书第 7 章提供了一些无须正面涉及“钱”的开场白，可以随着时间推移，逐步帮助父母敞开心扉。

他们不希望角色颠倒

“父母有照顾孩子的强烈本能。孩子长大后，这种本能也不会消失。所以，当孩子们想要谈论如何照顾父母或帮助父母理清财务状况时，父母感觉角色似乎出现了错位。”金融心理学家玛丽·格雷欣博士[2]说。

父母其实并不愿意依赖孩子，所以父母会在这类谈话中退缩。如果你能用正面积极的语言谈论，可能会打开父母的话匣子。

在开始对话时，要让父母知道，你非常感激他们在小时候照顾你。现在，如果父母需要，你希望能够回报他们。可以告诉他们，为了做到这一点，你需要知道父母想要什么样的照顾，让他们知道，你意识到这可能让他们很难去思考或讨论。格雷欣博士建议可以这样说：“我知道谈论这些有些难，我也挺尴尬，但我还是想聊一聊，就当作给我的礼物吧！”

他们担心谈话会让你心烦意乱

父母可能因为怕你不喜欢他们要说的事情而回避谈话。如果你一直尝试和父母谈他们的遗嘱和财产计划，而他们总是绕开话题，则很可能是这种情况。

“父母对遗嘱守口如瓶，通常是因为他们担心孩子一旦发现自己继承的遗产并不像想象的那么多时，会对他们有怨言。”格雷欣博士说。

父母可能打算把他们的钱留给慈善机构，或者可能打算多分点给你的兄弟姐妹——因为父母觉得你的兄弟姐妹比你更需要经济支持，但他们不想让你知道，因为他们担心这会损害你和他们的关系。

格雷欣博士说，她的一些客户认为，遗嘱中分配财产给子女的方式，可能会给子女之间的关系带来压力。只要还活着，父母就避免告诉孩子遗嘱里写了什么，以免爆发冲突。他们说，一旦离开人世，孩子们自然就会知道谁能得到什么，即便出现冲突，父母也不需要考虑如何处理了。他们想通过拖延时间来避免冲突，这是可以理解的。

如果你认为父母正是因为不想让你心烦，才不愿谈“钱”，**那可以让父母知道，你和你的兄弟姐妹关系很好，可以自由谈论任何事而不会翻脸**。告诉父母，你知道这是父母自己的钱，父母可以用它做他们自己想做的事，孩子们只是想对父母的计划有所了解，以避免意外发生。

“或者，把‘钱’拎到话题之外。让父母知道，你对于继承多少并不感兴趣。”孔兹博士说。相反，你应该告诉父母，你们只是想确认一下，父母的愿望是什么，并且，要确保这些愿望得到满足。请参见第 10 章，了解更多关于基本法律文件的信息。

他们担心从此要依赖孩子

还记得你什么时候会开车的吗？你就可以去任何想去的地

方，想走就走。你有自由，很独立。这种独立的感觉也可能始于当你得到第一份工作和收入时，可能是在大学毕业踏入社会的时候。

“独立是一种很棒的感觉，希望独立、自由是人类的一种深层驱动力。”格雷欣博士说。所以，和父母谈论他们的未来，很自然，他们不愿意去想、去讨论自己不再独立。未来不能自主规划、不能自主去做事，是一种巨大的灾难。“父母可能会想，‘当我告诉你这件事，说明我不能再自己主事了’。”格雷欣博士说。

这就是和父母谈论财务问题时，为什么**要向父母说清楚你不是要取得控制权，剥夺他们的独立性**。这是十分重要的。

请父母列一张清单，什么情况需要协助，并且协助做什么。你可以请父母决定何时需要你介入以及介入的程度。

不过，如果父母在日常生活中需要帮助，或已没有能力独立生活，则不在此列。具体请见本书第 12 章，如何与父母谈论长期护理或搬家等问题。

父母对自己的财务状况感到尴尬

像约翰的父母一样，他们可能会对自己的财务状况感到羞愧。也许他们负债累累，没有积蓄，生活的内容就是付账单、付账单，不知何时才有能力退休，不用工作。谈论财务意味着承认他们做错了事情——而他们原本不打算这样。

父母可能害怕你评判或批评他们，因为他们没有妥善理财。

羞耻感往往会阻止人们公开谈论金钱。所以，如果你认为父母对他们的经济状况感到尴尬，那么你需要小心行事。

格雷欣博士建议试试这样说："我理解您在回避这个话题。我已经提过三四次了。我想知道，您为什么不愿意谈？您是否担心如果没有把一切安排好，我会评头论足？或担心您的钱如果不如我们期待的多，我会用不同的眼光看您？"**必须向父母保证，你不会评判，只是想帮助他们**。

本书第 14 章提供了与不情愿的父母交流的更多细节。本书第 15 章的故事讲述了那些对自己的经济状况感到尴尬的父母是如何敞开心扉的。

他们不愿去想衰老和死亡

在第 1 章，我引用了诺亚的话，他说他不敢和父母谈论他们是否有遗嘱，因为这意味着提醒他们需要去面对他们总有一天会老去的事实。父母可能会避免谈论遗产、养老规划、长期护理，或他们的财务等，原因是一样的。因为考虑这些事，会迫使他们思考衰老和死亡。

有些人甚至认为，谈论百年之后的事会加速"那件事"的发生。你可能已经知道父母是否属于这一类，比如，"我们不会在家里谈论这些"或者"神会阻止你父亲死亡"……好像宇宙有更大的力量会阻止死亡似的。我认识的一个房地产律师说，她经常听到客户说他们害怕在律师为他们起草遗产规划后，自己真的会离开人世——然后她和他们开玩笑说，自己没有那种能力。

让我们严肃点，死亡对于大多数人来说是个可怕的话题。

如果父母表现出畏惧死亡，请尊重他们！并且你要拿出勇气告诉他们（用关心和爱心，而不是嘲笑的方式）：无论他们是否有遗嘱，或者是否有最后的愿望，都并不会加速他们的死亡。事实上，格雷欣博士说，研究表明当人们更多地意识到并能够谈论死亡，人们越能接受它，并对自己的未来有更少的焦虑。

父母不信任你

我不愿这么说——父母不想和你谈话，是因为他们不信任你。你可能并没有做过任何让他们质疑你、不信任你的事，父母也没有任何理由不信任你。只是，通常来说，在财务上信任别人是很难的。随着年龄的增长，人们会变得更不容易信任他人，哪怕是自己的孩子。

格雷欣博士说，当她母亲还在世时，有一次，格雷欣带母亲去百视达公司开账户，这样她就可以租录像带了。一名店员向格雷欣的母亲要社保账号，这是开立账户、办理注册的必要步骤，当时格雷欣的母亲非常不开心，并说："我永远不会向'像你这样的人'说我的社保号码。"母亲大发脾气，并且转身离开了。

害怕被人利用是老年人很自然的心理——这个理由很充分。由真联金融进行的研究发现[3]，老年人每年在财务上的损失高达365亿美元，损失的原因是被诈骗、接受误导性金融建议、被家庭成员或看护者偷窃等。

如果父母不信任你，那么询问他们在什么情况下会信任你；在什么情况下，和你谈论他们的财务状况会让他们感觉更舒服；或者，他们可能更愿意与会计师、律师、理财规划师或其他第三方专业机构的人士谈论财务问题。

如果在上述各种情况下，父母仍不想和你讨论财务问题，那么他们也许有理由不信任你。或许是因为你对自己的财务管理不善，或者你向他们借过钱，仍未偿还。在这种情况下，**你可能不是与父母讨论金钱问题的最佳人选**。如果你有兄弟姐妹，或是，父母有更可以信任的孩子，可以请他／她主动开启与父母的对话。本书第 5 章将讨论如何与你的兄弟姐妹一起，和父母谈论财务话题。

练习

如果父母倾向于避免财务对话，列出他们不愿谈论金钱话题的可能原因。意识到父母不愿意讨论财务状况背后的原因，既能帮我们理解他们，也有助于你找到合适的开场白。第 7 章将介绍“最佳开场的方法”。

04 不沟通，会怎么样

当和父母谈论他们的财务问题时，你可能会告诉自己：

“我得等到他们退休……”

“我要等到父母身体出现问题，不得不谈的时候再说……”

“我会等到他们不能再照顾自己的时候……”

如果再等下去，就太晚了。

比如，父母已无法头脑清晰地分享财务细节，或者因健康问题住进医院，但是，医生不让你为他们做任何医疗决策，因为他们没有指定你作为他们的医疗健康委托代理人。他们可能没有留下任何遗嘱就离开了人世，你和其他家庭成员，最终可能会因不知该如何分配遗产而在法庭上争吵。

我最大的遗憾之一，就是没有早点跟我的母亲讨论她的财务细节问题——在阿尔茨海默病夺走母亲的记忆之前。我认识的其他人也有类似的情况，当真正的危机来临时，他们不得不介入并帮助父母，他们说，真希望能早点采取行动，这样父母还能确认重要法律文件的起草，提供财务账目清单，并为最坏的情况制订计划。被动面对危机情况比主动规划要难得多——尤其是在危机、困境的压力下，人很不容易保持理性。

另外，整个成本可能会高很多。道格·诺德曼说，如果他提前规划，早一些了解他父亲的财务状况的细节，可以省下上万美元和大量的时间，也可以避免繁复的法律程序。道格的故事，仅仅是众多金融灾难性事件中的一个例子。如果你从未和父母进行过财务对话，那么，你也可能成为其中的一个故事。

道格的故事

道格·诺德曼[1]在经济方面很精明，足够的精明使他在美国海军潜艇部队服役20年后，于41岁就退休了。他的博客很受欢迎，因为他通过博客帮助军人实现财务独立。道格还出版了一本书，向退伍军人宣讲如何按自己的意愿退休。

尽管道格一直在为他人提供理财建议，可是道格不愿意与父亲讨论金钱问题——甚至在父亲已经开始受阿尔茨海默病影响之后。他的父亲迪安在2008年出现症状。到2009年，父亲的症状进一步恶化。父亲写信给道格和他的兄弟，说自己因为记忆日渐衰退，已无法使用电脑发邮件，所以不得不给孩子们写信。

“收到信件后，我和兄弟赶紧去看望父亲。”道格说。他的父亲在妻子去世后一个人独自住在科罗拉多州的一个公寓里。道格从夏威夷过来，兄弟从丹佛赶来。见到父亲时，兄弟俩可以清楚地察觉他们的父亲出现了早期阿尔茨海默病的症状。父亲在公寓里到处张贴备忘录，冰箱里的食物都贴着标签，这样就知道该在何时吃什么。即使这样，父亲在做饭时，还是不得不搜遍橱柜才找到一个盘子。父亲的短期记忆几乎消失了。

“我记得这种情况可能是由于服用降压药引起的。”道格说，“我当时想，父亲应该去看医生，只要把血压稳定下来，情况就会不断好转的。”

道格问过父亲是否需要帮助，他记得和父亲谈过：“爸爸，如果您需要任何帮助，我都很乐意帮助您。如果您需要我帮忙付账单，我可以帮您付；如果您想要我帮您查账、查对账单，我可以帮您检查；如果您想要我协助办理委托书等任何您需要的，我都可以帮忙。”可是，道格的父亲不需要帮助，所以道格不得不告诉父亲，如果需要时，就给他打电话。“那时候，我觉得推着父亲做财务规划并不舒服。”他说，“是的，现在回想起来，我的的确确是疏忽了。”

道格说，现在他终于明白父亲为何会拒绝他的所有提议，因为阿尔茨海默病患者或有认知障碍的人最容易做的事情，就是说“不”。“这不是因为父母偏执，”道格说，“也不是因为父母怀疑你会把他们所有的钱都骗走，只是习惯性回答：‘不，我不想那样做。’”

道格的父亲从来没有打电话寻求过帮助——即使当阿尔茨海默病已使他无法开车，这让他的生活变得更加困难。然而 2011

年的一天，凌晨3点，道格接到了一个来自急诊室外科医生的电话，父亲因为胃部剧痛，被送进了医院。CT扫描显示，道格的父亲有一处正在出血的溃疡，而外科医生不得不处理出血状况。

道格说："医生打电话问我的第一个问题是，父亲是否酗酒。医生说打开他的腹腔时，里面全是酒精。"原来，道格的父亲下午一杯接一杯地喝——忘记喝了多少杯，他至少喝了1品脱[①]。而且，一连几个月每天都喝苏格兰威士忌。道格说："他吃得不多，胃里没有多少食物。酒精把他的胃烧出了溃疡。"

道格登上了从夏威夷到科罗拉多的航班。当他到达科罗拉多时，他和他的兄弟不得不匆忙地去找一家疗养院，他们的父亲可以在那里接受手术后的康复治疗。然而，道格知道，他的父亲不能独立生活了，父亲的经济状况遇到了真正的问题，所以道格现在必须想办法。

当父亲手术后苏醒，道格想确保父亲的账单能及时支付，所以他填写了支票，让父亲签了名。然而，由于父亲的手颤抖，所以签名看起来不像他亲手签的。在银行支付时，银行经理质疑支票是不是伪造的。道格解释说，因为父亲在医院里，所以他帮父亲付医药费。即使道格的所作所为是出于保护父亲的最大利益，银行经理仍担心老人受骗。银行经理说："在我允许您操作您父亲的财产之前，我得查一下您父亲的账户授权委托书。"

授权委托书可以让你指定一个人为你做出财务决策（具体内

① 1美制品脱≈473毫升。

容见第 10 章）。然而，当你准备签署授权委托书时，必须是具备完全民事行为能力的，是具有可胜任能力的。道格的父亲，迪安没有给他的两个儿子签署授权委托书。现在他已经罹患阿尔茨海默病，签署授权委托书已经晚了。当道格告诉银行经理，他无法从父亲那里取得合法授权委托时，银行经理说，那必须取得监护权。

如同授权委托人一样，监护人也拥有管理某人财务的法律权利。但是道格发现，成为监护人的过程是漫长且成本高昂的。

想成为监护人，必须向法院提出申请。道格聘请了一名律师，代表他起草法律文书。他还聘请了一名律师代表他的父亲，律师必须证明父亲已失去为自己做决定的能力。“我父亲作为被告，”道格说，“他需要被法院认定为完全失去民事行为能力，以致无法管理自己的事务。”为了证明父亲失智，道格找来了神经精神病学家为父亲做评估——价格为 3 670 美元。

道格还必须向法庭证明自己具有足够的能力和责任感来管理父亲的财务。道格必须通过信用调查、背景调查、刑事调查，还要接受法庭指派的调查员的质询。调查员质疑道格是否有资格管理父亲的财务，直到道格提到，自己撰写了一本关于理财的书，调查员才相信道格拥有足够的能力。“你写了一本书？”突然之间，道格发现自己变得完全可信了——因为出版过一本关于军人如何理财的书。道格说，雇用律师，向法院提起诉讼的过程，花了整整 9 个月，近 1 万美元，他才通过法律程序成为监护人。

在那段时间里，尽管父亲能领取养老金和社会福利，但道格不得不自掏腰包支付了25 000美元的护理费，因为道格没有法律权限，无法支取父亲的钱款。最终，道格通过法律程序，成为监护人，法院批准道格从他父亲的养老金中得到补偿。如果道格没有积蓄，这将是巨大的经济压力。“如果我没有财务能力，我无法想象能不能这样做，”他说，“花25 000美元去救急。”

道格的父亲作为一个阿尔茨海默病患者，在手术后接受了康复治疗，并留在疗养院里（道格父亲最终在2016年搬到了一家记忆照护中心[①]），由道格监管父亲的财务状况——这可不是件容易的事。“如果父母没有和他们的孩子交代财务情况，那就像很多人做的那样，必须去做法务会计[②]。”他说，“进了家门，搜索所有文件壁橱、柜子，寻找任何关于账户的线索，钱在哪里，还有密码，我的天啊，密码！”道格很幸运，因为他在抽屉里找到了一份父亲的账目清单及密码。道格的父亲迪安有遗嘱，表达了需要临终关怀的意愿，有高额的医疗保险、大额的退休储蓄和长期护理保险等，价值318 000美元。

长期护理保险可以为迪安每月支付6 000美元的生活费，但道格不得不每周花几个小时给保险公司填写并发送相应表格，以得到医疗费用的补偿。作为监护人，道格还得追踪父亲的每一元钱，将父亲的资产和开支的年度报告向法院报备。

---

① 记忆照护中心是为阿尔茨海默病患者提供专业护理的辅助生活机构。——编者注

② 法务会计（forensic accounting），特定主体运用会计知识、财务知识、审计技术和调查技术，针对经济纠纷中的法律问题，提出专家意见作为法律鉴定或者法庭上作证的专业领域。——编者注

“如果你没有接受过财务记账的培训，那么完成一份财务报表颇具挑战。”道格说，如果在父亲患上阿尔茨海默病之前，他就和父亲谈过，并且得到授权委托书，他就不必做上述这些事了。道格坚持了6年，直到父亲2017年11月去世。

道格说，如果他和他兄弟住得离父亲近一点，他们会更早注意到父亲的症状。“也许，那时我们可以和父亲谈谈：‘爸爸，我不想管您的财务，但您得提前开一个账户，也许哪天您就会需要它。或者，我们现在一起办一个独立支票账户，您往账户里放1 000美元，这样，您需要帮助时，我就可以有钱帮您了。’如果我们在2009年之前有过这样的对话，当父亲告诉我们他无法再使用电脑的时候，我们也许可以得到一份授权委托书，这是很容易的事情。到了2009年前后，情况确实太迟了。父亲已经处于最容易说‘不’的状态了。”

道格的故事告诉我们，不要推迟与父母谈话——尤其是关于是否有必要完成财务授权委托或健康授权委托等事项。如果问父母是否考虑过未来需要时，准备委托谁来协助管理财务，而父母回答“没有”时，请花点时间来分享道格的故事，这样他们就会认识到在最糟糕的情况下，拥有法律授权书的重要性。

05 先和兄弟姐妹沟通

分析了父母不愿意讨论他们财务状况的可能原因，而且克服了我们自身对于沟通此事的恐惧感，所以，现在你准备挽起袖子和父母开谈了，对吗？需要提醒的是，现在还不到时候。

在开始和父母沟通财务问题之前，需要先和兄弟姐妹交流。

我知道你在想什么：为什么我需要让他们参与其中？我的弟弟太自私了，根本不管父母这类事情；我大姐会试图按她的方式做事。和父母谈论他们的财务状况已经很不容易了，再加上兄弟姐妹，情况太复杂了。拜托，难道我们不能先请他们待在圈外吗？

不，如果你不想制造怨恨或引发家庭不和，就不能。根据我们掌握的事实，我们清楚地知道，在未与兄弟姐妹达成共识前，就直接开始和父母讨论有关钱的事情或进行重大财务决定，结果可能会变成以下这样。

姐妹 1： 前几天我和爸爸妈妈谈过了关于他们遗嘱的事情。

我只想了解一下，他们是否把一切都安排好了。

姐妹 2： 哦。你是说你和他们谈过他们的遗嘱，以确保你得到的份额最大？你当然会。因为你是他们的最爱。

姐妹 1： 不，根本不是那样。我只是想和他们谈谈，因为我有个朋友的爸爸最近去世了，处理后事时挺混乱的，因为他没有立遗嘱。他第二任妻子的孩子们试图拿走他所有的钱，最后孩子们打了场官司。我当然不希望我们在爸爸妈妈离开后为他们的钱而战，我只是想确认他们确实有遗产规划，这样未来就不会有任何财务问题了。

姐妹 2： 如果这是真的，你为什么要等到现在才告诉我你和他们谈过？你为什么不在和父母讨论前告诉我呢？我猜你是认为我对这类事情懂得不多，所以不在乎。好吧，你错了。当然，你永远不会承认，因为你年龄最长，这意味着你总是对的。

即使你们原本关系良好，而且你在和父母谈话前已和兄弟姐妹沟通过，也并不意味着你和你的兄弟姐妹就一定没有争执。可是，提前与兄弟姐妹交流，会使你处于一个有利于交流的位置，确保大家通过讨论，达成共识，会为了父母的最大利益一起行动，一起应对可能出现的不好的情况。

我的朋友伊丽莎白就是因为没有提前和她的两个哥哥谈过父母的问题而十分后悔。

父亲死后，对母亲该住在哪里，伊丽莎白兄妹三人每个人都有自己的想法。80 多岁的母亲现在一个人生活。她最初决定留在家里，而不是搬到二儿子居住的城市。伊丽莎白的大哥不希望妈妈卖掉他童年居住过的房子，所以在帮助弟弟为母亲寻找新居所的过程中，并没有起到什么作用，兄弟两人之间发生了多次争吵。而伊丽莎白希望她妈妈最好去退休社区，因为那里都是和母亲同龄的人，也没有维护自住房屋的烦恼。

伊丽莎白说她和她的哥哥们应该早点进行沟通，在他们的父亲去世之前，就该对父母养老的最好方式这一问题达成一致。当母亲孤身一人时，子女们可以统一行动，在财务上、感情上帮助母亲过好独居生活。迟迟不沟通，只会导致他们在处理母亲住房问题时发生冲突，进退两难。

他们的母亲最终住进了一栋并不理想的房子——有楼梯，老人爬楼梯并不容易；社区嘈杂，同龄人很少，所以母亲很孤单；而且房子的费用母亲也无法独自承担得起。

相比而言，凯西的故事是一个沟通良好的例子。

凯西在和父母交流前，与妹妹提前进行了沟通，这使她们与父母的对话变得更顺畅。凯西全名凯西·克里斯托夫[1]，是一位获过奖的金融作家，写过三本关于个人理财的书。你可能会说，在讨论金钱的问题上，她有一定的专业优势。不过在和妹妹的沟通中，她一直保持着平等开放的沟通方式，并没有强迫妹妹按自己的意见办，从而与她的妹妹莫伊拉（不是金融从业者）一起完成了和父母谈话的计划。

一次，凯西和她妹妹聊天，谈到凯西当时的男朋友（现在的丈夫）的母亲中风后，要处理继父去世导致的财产事务，并把话题转移到自己父母身上。凯西告诉妹妹：“我们从来没有谈过，不过我们得把文件整理好，这样爸爸妈妈可以得到最好的照顾。”凯西说的文件，是父母要咨询起草的授权书和医疗健康委托书。当父母不能为自己做出财务和医疗决策时，可以委托代理人按照自己的意愿不折不扣地执行。

在一起讨论了几次之后，她们说服父母去遗产公证处咨询律师，决定每个女儿承担的义务、拥有的合法身份，起草好文件，为最坏的情况做准备。凯西的父母指定凯西作为他们的财务代理人，委托凯西的妹妹莫伊拉执行自己的医疗健康委托书。“整个决策过程是开诚布公的，所以在未来发生状况时，没有人会因为不知情而节外生枝。”

凯西和妹妹提前进行这些对话，获得法律上的支持，这种未雨绸缪的做法是明智的。她们的母亲 80 岁时因患肺癌须接受治疗，同时被诊断出患有孤独症，尽管得到治疗，但母亲已无法像过去那样清楚地思考。她们的父亲同样因为身体欠佳，没有能力自己做决定。“他们需要下一代介入并承担一些重任。”凯西说。

因为妹妹是父母的医疗健康代理人，她能够和医生讨论母亲的治疗方案，为母亲做决定。凯西则负责处理财务方面的事情，比如保险文书和账单。“在我看来，有经济上的授权书和健康委托书——这些是最重要的事情，我需要和父母谈谈。”凯西说，“希望你的父母感觉到他们可以信任你来代替他们获取他们需要的东西。”至于她和她妹妹，凯西说她们是一个团队，“当我们意见不一致时，我们会进行有礼貌的对话。”她说，“我们都在追求父母利益的最大化。”

那么，你该如何应对兄弟姐妹之间的竞争和分歧，以进行富有成效的对话？在与父母谈话之前，如何就父母的财务、遗产规划和潜在的长期护理需求等方面与兄弟姐妹率先达成一致？

与兄弟姐妹同频对话

我感到很幸运，我和妹妹罗宾没有任何争执。自从母亲被诊断为阿尔茨海默病之后，我开始帮妈妈打理财务。我和罗宾之前的关系并不非常亲密，不过，这并没有阻止我们一同照顾母亲、一同支付费用。如果你情况与此类似，你和兄弟姐妹能像一个团队一样紧密协作，你可以跳过这段，直接进入后面的部分。

如果你和兄弟姐妹有可能因意见不一而争执，那么可以考虑使用琳达·福德里尼–约翰逊的方法。福德里尼–约翰逊是一名注册家庭治疗师，是旧金山湾区老年护理服务中心的创始人。[2] 30多年来，她一直致力于护理老人，探索和家庭成员们一起消除分歧，更好地共同履行照顾老人的责任。

幸运的是，琳达的方法较容易执行。和你的兄弟姐妹开个会，让他们知道你想和他们谈谈你父母的经济状况。最理想的情况是，兄弟姐妹面对面沟通，而不是在电话里交谈，然后让你的兄弟姐妹回答两个问题：

- 你最关心什么？

• 通过今天的交流，你最想实现什么？

真正重要的部分，是确保每个人都有机会讲话，在所有人还没有全部表达过意见前，任何人不要质疑或打断讲话。召集会议的人应该是最后一个讲话的人。在所有人还没有发完言之前，先不要评论已经发表的意见。理想情况下，每个人都会这样回答第一个问题："我最关心父母是否能得到好的照顾。"不过，你可能会碰到不同的说法，一个兄弟可能会说："咱们应该把父母一同邀请过来，讨论他们的财务状况。"另一个姐妹可能会说："你不应该管父母的钱。"

与其纠结这些不同之处，不如先关注大家共同关心的事情——如何更好地照顾父母。所以与其说"我不敢相信，你觉得爸爸不在后，妈妈应该住在家里"之类的话，不如说"我很高兴大家都同意我们应该关心爸爸妈妈，让我们多谈谈什么对他们最好"。大家的目标是寻求共同点，达成共识。

和兄弟姐妹讨论什么

在你和父母谈论他们的财务问题之前，你和兄弟姐妹应该讨论并达成一致。以下是谈话关键点：

谁将发起与父母的谈话？

你们首先要决定是都要和父母谈话，还是兄弟姐妹中的某一个更适合发起谈话。如果兄弟姐妹中的一个地理位置比较近，或者和父母更亲近，那么这个人适合先去和父母谈。如果你们都和父母亲近，一起和父母开个家庭会议可能更合适。

并且，你应该让父母对这件事知情。可以告诉父母，你和兄弟姐妹想要召开家庭会议，讨论父母的财务状况，并询问父母，他们是更愿意和某个子女交谈还是和所有子女交谈。记住，目标是请父母表达想法，所以他们的想法应被尊重，父母希望先和谁交流，我们应尽量尊重父母的意见。

何时和你的父母谈话?

如果所有的兄弟姐妹都希望与父母一起谈谈，那么家人团聚的假日是最理想的。然而，这不是我们组织假日聚会的理由（第7章解释了原因），试着找个大家都能和父母坐下来交流的时间。

用什么方法来开始对话?

再说一遍，如果所有的兄弟姐妹都想一起和父母谈财务问题，你们需要就如何开始对话达成一致。理想情况下，你应该让父母知道，你们很感激父母为你们做的每一件事，当父母需要帮助时，你们都希望能够帮助父母。你可以告诉父母，现在需要从他们那里收集一些信息。第7章中有更多关于特定对话的细节，可供参考。

每个人各自该做什么?

因为父母某一天可能需要你和兄弟姐妹协助，所以你们需要提前讨论各自都愿意分担些什么，这样，由于大家已经对需要承担的角色达成了一致，万一情况发生，就能避免争吵。兄弟姐妹讨论后须确定，谁愿意帮忙护理，谁能提供财务支持，必要时谁愿意请父母搬来同住等。当然，父母可能有自己的偏好，所以我们可以同时让父母了解，兄弟姐妹已经讨论过在照顾父母方面各自承担的角色。

注意，如果你有关系不太和谐的兄弟姐妹，那么他 / 她可能不想参与。我们首先需要接受事实，并询问他 / 她是否想要了解父母的最新消息。毕竟，他 / 她可能会改变主意，希望某一天能参与照顾父母。

练习

在和兄弟姐妹交谈之前，列出你想要谈论的话题。你可以使用我们建议的交流要点，或者根据家庭的实际情况进行调整。把问题提前写下来，给自己一个思考的机会，冷静而清晰地说出你想说的话。你还可以把清单发送给兄弟姐妹，在你们见面之前共同思考想要谈论的话题，这样便于大家一起准备，进行富有成效的谈话。

06 有些话，无论如何都不能说

在电影《书友会》（*Book Club*）中，黛安·基顿饰演母亲。电影中的两个女儿对待母亲的方式，令我颇为愤慨。母亲刚刚丧偶，女儿们想当然地认为母亲需要搬去和她们中的一位同住。她们甚至从来没有想过，母亲本有能力且有意愿自己照顾自己，却不得不从加利福尼亚州搬到女儿居住的亚利桑那州，不得不离开自己那群书友会的朋友。女儿们已经简单地决定了母亲该做什么，并且向母亲直接宣布了这一决定。最糟糕的是，女儿们还带着明显的优越感。

是的，我知道这只是一部电影。但我意识到，这是一个活生生的与父母对话不恰当的经典例子。如果你不够敏感，控制欲强或以居高临下的方式和父母谈论他们的经济状况，他们可能不愿意和你对话。

还记得十几岁时，你觉得自己什么都懂，可是父母一直在提醒你并非如此，当时的你有多沮丧吗？当你开始像父母对待孩子一样对待父母，把父母当成无知的孩子，父母会有同样的沮丧感。

不论你比父母多了解多少财务知识或更懂得如何理财，也不论你认为为了他们好自己是多么正确，请一定记住，父母仍然是父母，你仍然是父母的孩子。如果想要和父母进行富有成效的对话，你必须尊重父母。

如果想让父母和你讨论他们的财务状况，有些话，你是不可以说的。看似我在这里对你摇手说“不”，实则我们的目的是希望你能开启与父母的对话。以下是一些基本原则：

不要满嘴都是“你”“你”“你”

如果你用“你需要”或者“你应该”开始和父母对话，你会让父母处于被动状态。“你已把自己定义为更优秀的那个人。”金融心理学家玛丽·格雷欣博士[1]说，“当你准备告诉父母该怎么做时，不要用‘你’，而要用‘我’。”可以试试这样做：

- 我觉得有必要知道。
- 我感到需要关注。
- 我想要一些信息。
- 我想知道照顾您的最好方法。
- 我想知道您真正想要的是什么。

治疗师经常使用这种方法来避免责备的语气[2]，这样更容易让客户敞开心扉。通过使用“我”，你是分享你的感受，而不是告诉父母你期待他们如何做。因此，你可能会有更好的机会让父母理解你的想法，从而了解父母的财务状况。

动机不能自私

记住，当使用“我”而不是“你”的时候，你应该不是为了自己的利益。

如果父母认为你是出于自私的目的询问他们的财务状况，谈话不会顺利，甚至他们会停止继续交谈。金融心理学家布拉德·孔兹博士[3]说，不可以这样开始对话：“嘿，我能看看你的遗嘱吗？”这可能会让父母认为你只是感兴趣他们会给你留下多少钱，不应该说任何会被认为是自私自利的话。孔兹博士说，更好的方法是，表达出你的担忧，比如，“我想知道如果发生了状况，你希望如何妥善处理”。

和父母聊是否有关于医疗保健的“生前预嘱”是一个很好的启动对话的方式，因为这样就把焦点放在父母关切的事情上。这份预嘱文件包含父母想要或不想要的延长自身寿命的具体治疗方式，还包括当他们无法自主做出医疗决策时，谁被指定可以代替他们做决定。如果他们没有生前预嘱，你可以谈谈为什么可以考虑设置一份，以及如何准备其他相应的法律文件（本书第 10 章会解释）。

不要居高临下

从开始表现居高临下的优越感的那一刻起，你与父母有关他们财务状况的谈话就被破坏了。

“你不能表现得高人一等，”格雷欣博士说，“否则任何人都不会愿意与你进行谈话。”请注意，对话方式的高人一等，不仅通过你说了什么，还因为你如何说而表现出来。“你特意说得慢并且特意用更口语化的词汇，父母会觉得你对待他们像对待一个学龄前儿童。”格雷欣博士说。跟父母平等对话，对父母尊重，你希望你的孩子如何与你对话，你现在就应如何与父母对话。

不要总是关注负面

不可否认，我在这里告诉你们的所有这些，都是不应该做的消极事项。但我的目标是确保你不会破坏与父母进行富有成效的谈话的机会。可以帮父母敞开心扉的一种可行方法是，告诉他们“如果不做准备”将会面临的所有可能后果以及最坏的情况是什么。

可以使用最坏情景故事分享的方法（如第 4 章里道格的故事）来强调，如果等到最后再去讨论，父母想让谁做他们的代理人，是否有办法支付长期护理费用，甚至如何支付因健康问题无力支付的账单等问题，将会发生什么。父母也许会进行考虑。

不过不要总是想着消极的一面。格雷欣博士建议，保持谈话集中在正向积极的方面。只要我们事先有准备，情况会朝好的方向发展。

不要下最后通牒

如果父母不愿讨论财务问题令你有挫折感，不要试着通过下最后通牒去强迫他们。也就是说，不要讲类似“如果你不这么做，以后等你老了，我才不管你呢”之类的话。

“这无助于建立信任感。”格雷欣博士说。恰恰相反，我们可以问问父母他们愿意分享的星星点点的信息，比如他们常去的银行之类的。

“你可以朝着正确的方向获得些许进展。”格雷欣博士说。接着不断尝试采取些小步骤，让他们随着时间的推移分享更多的细节。

如果他们畏缩不前，你可能需要后退几步以避免陷入与父母相互博弈的状态。“如果前两次尝试都没能成功，那么你该改变策略了。”格雷欣博士说，“不要总是纠结在同一话题上。”

一定记得，要极其耐心地对待你的父母。因为有可能需要几个月甚至几年时间，才会让他们感到可以安心地与你分享隐私。如果你逼得太紧，反而可能会让他们更抗拒。而这，显然不是我们想要达到的目标。

重点在于，给予你的父母足够的时间考虑并谈及那些对他们重要的事情——在他们年岁渐长之时，是否仍能有尊严地生活，是否有可能留下遗产，或是不给后人留下债务负担。希望他们意识到你是真正在关心他们的健康福祉，并愿意与你开诚布公地讨论，而不是回怼一句“关于这个问题，我可没啥好说的”。

07 选好时机，十大开场白成功开启对话

和父母讨论他们的经济状况，并没有放之四海皆准的谈话模式。

因此，无论专业理财顾问还是普通人，想成功地让父母敞开心扉，讨论“钱”的话题，都不是一件容易的事。在本书中，我们会给出几类谈话策略，而非整个谈话剧本。

如果你仍在犹豫到底要不要去谈话，那么首先有一件非常重要的事情需要明确：尽早对话比拖延更好。“要么管理计划，要么管理危机。”金融心理学家玛丽·格雷欣博士说，“危机会发生，你必须得做出选择，理想情况是，这场谈话是在父母身体健康、思维敏捷、情绪不混乱（你也不混乱）的时候进行。”

好消息是，如果使用了本章中的开场白，父母可能愿意至少分享一部分他们的财务状况。

约翰·库珀（一名理财规划师）[1]说，他是通过与许多退休人员交谈才了解到，退休者会认识到与孩子分享财务信息的重要性。“真的有很多人愿意与自己的孩子进行这类对话。”库珀说，

“他们只是需要被询问、被推动。”所以你到底在等什么？

何时开启对话

在决定和父母谈什么之前，需要弄清楚什么时候和他们交谈。

“时机真的很重要。”老年护理专家琳达·福德里尼–约翰逊说，“如果选择了错误的时间，你的努力可能会适得其反。”

举例来说，最不合适的时间段之一就是假期聚会。子女们经常会说：“现在所有人都在一起，让我们谈谈妈妈的情况。”琳达说：“这并不是好时机，聚会时通常会喝酒、有小孩或不该听到谈话的人在场等。”如果假期是你唯一和父母聚在一起的时光，至少要等到家人聚餐的第二天，再去尝试与父母谈论他们的财务状况。毕竟，当有人对你说：“你能把火鸡递给我吗？”紧接着就问你：“告诉我们，你死后，每个人会得到什么？”你会作何感想呢？

在每个人都放松且大家的情绪并不亢奋的时候，和父母交谈，谈话结果有可能会更好。如果你有兄弟姐妹，并且所有人都希望在现场，你们需要共同决定，找个没有人打扰、安静的时间段开启谈话。我知道大家都各有忙碌的生活，不过，这是一场重要的谈话，不可操之过急。

选择一天中正确的时间段也很重要。“如果父母有健康问题，”琳达说，“请在一天当中早些时间段与他们交谈，这时候，父母心情更好或精力更充沛。”当然，这并非不可调整，尽量安排在一天中大家状态最好的那段时间。

一旦确定了谈话时间，就可以启用“让父母和你讨论的策略”。如果父母愿意分享他们的具体财务信息，请看第 9 章中需要收集信息的种类说明及列表。

如果你们这一次的对话效果不佳，那就换个时间换一种方式。你可能需要时间，且多尝试几次，才能帮父母敞开心扉。

最重要的是，不要强迫父母透露他们不愿意谈的事情。Keystone 金融服务公司的创始人兼首席执行官乔什·纳尔逊[2]说：“谈话是循序渐进的。这可能并不是父母一坐下来，就说：‘我要告诉你我的所有心里话。’——然后，把什么都全部说出来了。”

当父母开始分享信息的时候，去做笔记。你不想忘记任何细节，相信我，如果不把父母告诉你的东西记录下来，你会忘记的。

十大经得起检验的开场白

1. 开门见山

如果你和父母关系很好，在成长的过程中，他们对金钱问题相对开放，那么，没有必要拐弯抹角。只要让父母知道，你想了解一些关于他们的财务信息，以便让大家感到安心。

不必要求父母立刻告诉你所有的细节，相反，你可以从询问具体财务情况开始。例如，当我母亲开始有记忆力丧失的迹象时，我建议她与律师会面，并请律师更新她的遗产规划文件——她的遗嘱、生前预嘱和授权委托书。然后，我又和母亲聊了聊，去了母亲的银行，把我的名字登记在她的账户上，作为母亲的代理收款人。因为当母亲记忆力衰退时，我要处理母亲的财务交易。

我真的别无选择，只能对我母亲直说，因为我必须在母亲的阿尔茨海默病恶化之前迅速采取行动。

在绝大多数事情上，母亲没有拒绝，因为我们相处得很好，母亲知道我是为了她好。如果你和父母相处得融洽，让父母明白你为什么需要他们的财务信息，你有可能会和我一样顺利。

2. 不谈论钱

我知道我说“不谈钱”听起来挺奇怪，一本关于如何与父母沟通财务问题的书，却告诉你“不谈钱”。请听我说完。

如果父母认为金钱是一个禁忌话题，那么，谈论关于经济状况的宏观主题，则更有可能让父母敞开心扉。

例如，可以随意地问：“爸爸妈妈，你们考虑过退休后的生活吗？”

这将使父母思考，甚至谈论（希望如此）随着年龄的增长，他们想要什么样的生活。父母的答案可能会给出一些线索，让你知道他们想要的生活，以及他们是否已在经济上有所准备。

比如说，父母告诉你他们很乐意退休后去旅行，可是无法实现。那么，这可能是父母并没有足够的钱为退休做准备的线索。你可以这样回应：“那太糟糕了，为什么呢？您觉得不能去旅行吗？”或者，“您确定吗？现在有很多花费不高的旅行方式。”这样，你可以花心思、想办法在父母可能的预算上，找到负担得起的旅行或父母退休后想做的其他事，这些可能会让你更能洞察父母的财务状况。

另一种不用一开始就谈钱的对话方式，是询问父母的愿望。

关键是要让父母知道，你关心父母的愿望是否能实现，不管是在未来的生活中希望获得哪种类型的护理，还是临终关怀，或是最后的心愿。

例如，可以说："爸爸妈妈，在我小时候，你们无微不至地照顾我。现在，我希望在你们需要的时候，也能够提供同样的照顾和帮助。"这可以开启讨论遗嘱、生前预嘱、财务及医疗健康授权委托书、长期护理计划等话题。

3. 发出邀请

给父母写一封邀请信似乎有点过时了，不过对老一辈人来说，这可能是一种被欣赏的礼貌之举，而且也更有可能产生富有成效的谈话结果。"让你的父母了解你想要以书面形式进行对话，而非随时随地抓着他们聊天，是很有帮助的。"金融心理学家玛丽·格雷欣博士说。

"人们的第一反应通常更情绪化。如果写信跟父母说，我想邀请你们和我谈谈，这将给予父母一些时间来处理自己的情绪。"

在信中解释你想讨论的内容，让父母知道你是在邀请他们进行这样的对话，且出于爱——你的爱和渴望帮助父母的意愿。父母年事已高，由于父母的爱以及与你分享信息的意愿，你才可以在父母需要帮助的时候，去帮助他们。

邀请的好处是让父母保持一种控制感。"邀请，和要求或请求是不同的，人们对'邀请'这个词的理解不同。你是在好心地请求谈话，而且让父母选择是否接受邀请。你可以让父母决定何时何地谈话，并且通过父母分享他们喜欢的行得通的谈话方式去开启对话。”格雷欣博士说，“如果父母说‘压根儿别提这事’，那你可以说：‘这样的话对我来说可能行不通。’”

4. 寻求建议

正如我在第3章中所写的，一些父母可能不愿意与孩子谈钱，是因为他们觉得那是角色错位。如果你觉得你父母也是这样，可以就你自己的财务问题向父母寻求帮助，以此开启对话。

例如，你可以询问父母该如何为养老进行储蓄，你是否需要设立遗嘱，或者成家后，应该买什么保险等。

“告诉他们你是怎么想的，这样你就能给予父母权利，让父母告诉你，你应该做什么。”VLP金融公司的国际金融理财师（CFP）丹尼尔·拉许[3]说，“就像父母给你建议一样，因为父母善于给孩子建议。”

让父母给建议的目的，是让父母对他们的财务状况以及已经完成的财产规划敞开心扉。举例来说，父母可能会告诉你，他们不担心自己的退休储蓄，因为他们退休后有养老金。你可以接着说：“哇，爸妈你们真幸运！你们之前做了什么，能保障拥有舒适的退休生活？是办理了长期护理保险还是搬到更小的房子？”

如果问了是否应该立遗嘱，他们告诉你从来没有想过要立遗嘱，你可以建议你们一起去见律师，考虑起草遗嘱。

5. 讲好故事

讲故事是你和父母沟通财务问题的好方法。

你可以告诉父母，朋友的父亲没有留下遗嘱就去世了。因为他父亲结婚不止一次，朋友不得不和他父亲的继子女参加法庭庭审，以确认是否能从父亲的遗产中分得一份。然后你再问父母是否应该进行遗产规划，防止类似情况发生。

你可以告诉父母，一个同事的母亲因中风住院，而同事无法用母亲的银行账户支付账单，因为他们之前从未想过会出现这种情况。然后你可以和父母讨论，当他们年事已高，无法做出财务决策时进行委托授权的重要性（本书第 10 章将讨论这个问题的细节），以及如何设置一个关于银行账户及其登录密码的列表。

或者可以告诉父母，邻居的父母怎么成为身份信息被盗的受害者，你希望能帮助父母保护他们自己。然后可以向父母说明，犯罪分子如何登录网站获得他人信用记录的免费备份报告。和父母一起检查财务信息是否有被盗的迹象，比如父母是否有被虚开冒名账户（详细了解父母的不同账户类型）。

如果身边没有故事可以分享，可以借用别人的故事。例如，可以使用第 4 章中道格的故事。

但请记住，不要喋喋不休。你不需要把所有没有提前谈论财务问题，将会在家庭成员身上发生的种种不好的事情都讲一遍。分享一个故事，然后集中说明提前沟通的好处，确保每个人都会更轻松地谈下去——你、你的兄弟姐妹、父亲和母亲。

6. 说说体验

很多理财顾问说，谈谈自己的理财规划和经历，可能是让父母敞开心扉的一个好方法。

尼尔森说他经常推荐客户这样做，客户自己做好了财产规划，然后以此为话题，和父母展开谈话。例如，你可以告诉父母，你最近起草了一份遗嘱，并告诉父母，万一发生意外，你想让父母知道在哪里可以找到它。

很可能接下来父母会告诉你他们是否有遗嘱或其他遗产规划文件，以及它们放在哪儿了。

如果没有，尼尔森建议你抓住这个机会询问，或者可以告诉父母，你最近遇到了一名理财顾问，通过他采取了其他措施来制订理财计划。你可以分享这段经历对你的帮助，并询问父母是否做过类似的事情。

7. 结合生活

生活事件——无论是在你的家庭，还是在另一个你很熟悉的家庭中——可以帮助你和父母开始一段为即将发生的事情做准备的对话。

玛格丽特·程[4]是蓝海全球财富首席执行官及理财规划师，她说："你可以像这样说：'我看到祖母去世，对您来说是多么艰难，这让我思考，您有没有做相应的规划。'"

不必非等着家里有人去世这样的事件发生。结婚、离婚、毕业或生孩子都可以用来开始对话。重点是使用一个生活事件，来讨论"提前计划"这类话题，这样父母可以更好地控制他们的财务状况以及预留相应资产。

"你可以告诉父母，你知道这可能是一个很艰难的话题。"玛格丽特·程说，"但是你接下来应该告诉他们：'如果发生了什么事，我们不想越过你们自己的意愿，代替你们做这些决定。'"

可以建议父母检查一下他们的银行账户和人寿保险，以确保受益人等的更新。可以建议父母考虑与律师见面，起草或更新遗产规划文件。或者温和地推动父母考虑，他们在需要时更倾向于何种长期护理。“只要让父母开始，一步一步来，都会是个好的开端。”玛格丽特·程说。

8. 借用时事

当你和父母讨论时事时，谈话的合适时机可能也到了。

当新闻里出现了财经类话题，如税法调整、股市大起大落、医疗改革等，类似例子不胜枚举，可以把它们作为与父母谈论经济状况的开场白。

比如，杰森，40 多岁，住在加利福尼亚。他和母亲谈论经济萧条时，低迷的经济状况如何影响母亲的财务状况。当时他 30 多岁，母亲 60 多岁，即将进入半退休状态。“我问母亲，2008—2009 年金融危机时，是否和别人谈起过退休基金，是否将所有的财产转移到资金避风港，以防止任何负面的影响。”

然后杰森问母亲是否对自己的储蓄感到担心，是否做好了退休准备。杰森得知母亲一直在和理财顾问联系，并正在采取措施保护自己的储蓄。从第一次谈话之后，杰森渐渐地和母亲越聊越多，并得以持续关注母亲的财务状况。

9. 场景假设

和父母谈论他们财务状况的一个关键原因，是要为紧急情况做好准备。所以，询问父母“如果……”的场景，可以做出更充分的准备。

可以问，如果他们不幸同时遭遇意外被送到医院，可能会发生什么？要让父母知道，必须有人被指定为医疗保健代理人，才能在父母无法为自己做决策时，代父母与医生谈话，并做出医疗决策；必须有人被指定为委托代理人，代理父母处理财务交易，比如支付账单。“询问父母并为可能发生的糟糕情况提前做预案，这对父母而言很可能是一种救援。”理财规划师，也是 Valecka 财富管理公司的老板万琳卡[5]说。

也可以让父母分享他们最后的愿望。“这可以很简单，比如想要土葬还是火葬？”万琳卡说。如果父母不愿意回答，要让父母知道，你需要知道他们的决定，这样就不必去做应由父母做的决定。

如果父母不想详细介绍在“那种情况”发生时他们的财务状况，你可以请他们列出一份账户清单、保单和法律文件清单，并且告诉你，如果“万一”发生时，你可以在哪里找到这些清单。

10. 减轻负担

可以通过主动帮父母完成一项财务任务，以让他们有更多的时间去做他们喜欢的事情，来了解父母的经济状况。

如果和父母从未谈论过财务问题，而且父母已经发现他们在理财方面有些困难，那么这将是一个很好的策略。

你可以从小事做起，比如帮助他们设置账单自动支付。如果父母几乎不使用网上银行，你可以帮助父母建立在线账户，并密切关注父母的账户变化。或者你可以解决父母面临的一个最普遍的问题，帮父母完成令人“畏惧”的财务任务——纳税申报。并不需要你为他们准备纳税申报单，相反，你可以帮父母收集文件资料，并带父母去会计师事务所准备他们的申报表。在这个过程中，你会了解到父母的具体财务情况，必要时，你还必须为父母管理所有的经济事务。

最重要的是，保持冷静和尊重

不管选择用什么开场白，记得要尊重你的父母。就像我在本书第 6 章中强调过的，如果你显得居高临下，谈话可能会进行不下去。

所以，请以同情和尊重之心开启这段对话吧。如果你和父母一起对话，而不是你向父母发话，谈论金钱话题才更有可能成功。毕竟，目标是对话，而不是独白。

另外，当和父母谈话时，你也要控制自己的情绪。想想在危机来袭之前和父母一起谈论财务问题的原因，就是希望在每个人都冷静的时候安排好家务事，所以如果父母犹犹豫豫，不想敞开心扉，也请不要觉得挫败。

练习

现在是时候帮助你了解哪种开场白最适合开启你和父母的谈

话了，你也可以任选一个你准备交谈的对象，然后列出谈话提纲。

你可以只列出谈话的关键词和关键点，也可以逐字逐句地写下你想要进行谈话的内容。这看上去有点小题大做，不过把你的想法写下来，会帮助你理清思路。写下问题，还能帮你预测父母对问题的反应，这样你就能做好应对的准备，从谈话中得到收获，或者在父母不愿意谈话时，鼓励父母敞开心扉。

08 八步顺利实现与父母对话

瑞恩·英曼的继父中风后，他母亲也被这种病击倒了。继父吉米70岁了，坚持每天举重和跑步等锻炼三小时，体形保持得很好。瑞恩的母亲米歇尔认为他们的财务状况是没有问题的。

但是继父吉米中风住院后，医生发现他得了骨癌。瑞恩说，很明显，母亲没有采取措施来管理好夫妻俩的财务，以应对这样的突发情况。

作为一个认证理财规划师，也是医师财富服务公司[1]的创始人，瑞恩想和母亲谈谈他们财务规划的薄弱环节。但是瑞恩知道，现在不是时候，因为母亲正处于挣扎的状态，母亲的心已经被她丈夫的疾病和诊治填满了。

幸运的是，继父吉米控制住了癌症的恶化。但是，瑞恩说，母亲和继父再也没有时间和能力来应对下一个紧急状况了。瑞恩之所以担心，是因为曾经看到过母亲和继父在面临紧急状况时的措手不及。

吉米的健康仍在走下坡路，这意味着他们可能会以同样的状态面临下一次紧急状况。

瑞恩知道，就继父中风后所带来的问题，现在终于有机会和母亲谈一谈他们的经济状况了。这一次，没有理由再拖延了。“你可以说，永远没有‘合适的时间’谈这个话题。可是，相比紧急状况，任何时间都不会是‘不合适的时间’，不管理计划，就管理危机。”

瑞恩和母亲谈过几次，事实上，谈话很顺利。瑞恩承认，自己是认证理财规划师，知道该向母亲询问哪些财务状况，更重要的是，他明白如何开口询问。因为瑞恩仔细考虑过该如何谈话，所以他的方法是可以被复制的。你和父母谈论财务状况时，也可以使用这些方法。

当然，每个人的情况不同，但瑞恩以循序渐进的方式，通过8个步骤，成功地与母亲谈论了她的经济状况，而这可能对你也会有帮助。

第一步：选择合适的时间、地点，抛出话题

理想情况下，你应该在紧急状况来临之前和父母谈论他们的经济状况。正如瑞恩所经历的那样，当有紧急状况发生时，大家的情绪都在波动，所以交流会变得很困难——甚至在那个时候都不可能去收集你需要的信息。

相反，选择一个父母很放松，心情也很好的时间，提出财务话题，会更加妥当。

瑞恩决定在带自己两个年幼的孩子去看望母亲时，来询问母亲如何为下一次紧急情况做准备。“因为有孙子孙女在身边，母亲心情很好。”瑞恩说，“我这样做，是为了让母亲感到舒服，因为母亲最爱她的孙子孙女。”

第二步：解释你为什么想要谈话

当和母亲一起轻松地看着孩子们玩耍时，瑞恩漫不经心地向母亲提起，他最近跟继父吉米谈过话。当吉米被问及如果有紧急情况出现，是否一切都能井然有序时，情况似乎不太好。

瑞恩说：“我想，妈妈，您和继父有一些共同事务。我想确定你们是否有共同的遗嘱，因为继父吉米的身体状况已经开始衰弱，可能是 1 年，也可能是 10 年。”

“当继父思维还很清晰的时候，您和继父可能需要更新所有的遗产规划文件，并检查您和继父的所有账户。”瑞恩接着告诉母亲，“并不是我急于弄清楚我个人能得到什么或不能得到什么，而是母亲您需要做好准备，我们需要确保每件事都得到妥善安排。”

关键是让父母知道你想要谈论财务情况的目的，这样你就可以帮助父母制订计划并做好准备。

“不要关注你能从对话中得到什么。”瑞恩说，“相反，告诉父母你想帮助他们解决问题。”事实上，告诉父母现在你所做的一切，都是为了在紧急情况出现时，让父母更容易应对，那么与父母的对话就会更顺畅。

第三步：发现问题，推动谈话

瑞恩说，一方面，因为金钱在家里从来都不是一个禁忌话题，所以他和母亲很容易谈到财务规划的问题；另一方面，如果没有询问到具体问题，他认为母亲不会主动谈论更多财务细节。

瑞恩知道母亲和继父有婚前协议，而且他们的财务账户是相互独立的。所以当开始询问母亲财务状况是否正常时，瑞恩说："您知道继父有几个银行账户吗？它们都在哪里？"

"我想，当我问母亲的时候，母亲和继父的财产是各自独立的，母亲并不知道继父的银行账户。"瑞恩说，"这就是一个激发母亲思考的问题：'哦，也许我什么都不知道，但我们可以来看看。'"

瑞恩建议，你可以找一个提示性问题，问问你的父母，让他们思考和你讨论他们的财务状况为什么很重要。故事、人生事件，或第 7 章中谈到的开场白，都会对你有帮助。"这是你谈论这件事的铺路石。"他说。然后你可以提出，为了帮助父母在紧急事件发生时，把事情处理得有条不紊，需要提前进行规划（它会发生，但你不需要用谁可能死亡、谁可能会有严重的健康问题，或者谁最终需要长期护理之类的话来吓唬你的父母）。

第四步：安排时间，深入交谈

当他的母亲也认同，确实需要梳理自己及丈夫的经济状况时，瑞恩并没有马上催促母亲提供信息。"妈妈，如果您想谈这个问题，我们趁孩子们不在的时候谈。我们可以另外定个时间。”瑞恩说。然后他拿出日程表，安排了一个时间，与母亲讨论她的经济状况。这样母亲就不会觉得不知所措，尽管谈话可能只需 20 到 30 分钟。

第五步：从简单的事开始

瑞恩去了母亲家，开始关于金钱的第一次对话。

这次对话从银行账户开始，瑞恩知道，母亲能回答。瑞恩问母亲在哪家银行有账户、有什么类型的账户、有多少个账户。瑞恩说：“先从简单的开始，这是一次轻松的胜利。”

瑞恩从来没有问过母亲账户里有多少钱。事实上，瑞恩告诉母亲，他不在乎金额——只在意账户类型和账户数量。

然后，瑞恩在 Dropbox [①] 上创建了一个账户，这样可以与他人轻松共享文件。瑞恩请母亲下载她最近的银行对账单，包括银行账号，并将这些文件保存在 Dropbox 账户中。这样，瑞恩就可以在必要时，实时访问账户。“那样的话，如果发生什么事，我就知道文件在哪儿，这样我就能帮上忙了。”瑞恩说。

第六步：多次对话

瑞恩没有在一次对话里，让母亲分享她所有的财务细节。事

---

① 一款计算机应用程序。——译者注

实上，瑞恩在三个月里见过母亲很多次，瑞恩建议其他人也这样做。他说：“过一段时间，你就会感觉到累。真正不喜欢谈论金钱话题的人，会在很短的时间里就感到疲惫。”

每次瑞恩和母亲见面，他都只关注母亲财务状况的某一个方面。第一次见面时，他们讨论了银行账户。第二次见面时，瑞恩询问了母亲的债务。瑞恩发现，母亲并没有多少债务。如果有债务，瑞恩会要求母亲列出所有的信用额度和欠款情况。

接下来，瑞恩询问了母亲的投资情况，这是一次比较富有挑战性的谈话，因为母亲有多个投资账户且投资了多个物业。再后来，由于母亲不知道继父有什么银行账户，所以瑞恩不得不问继父，请继父分享财务信息。

然后，瑞恩把母亲和继父的投资账户与对账单等制成表格，存进 Dropbox 账户。瑞恩还让母亲把她所有的出租物业都列了一张清单，清单里包括详细细节，如地址、物业管理者及每个租户的名字。

在接下来的谈话里，瑞恩关注了现金流，即母亲和继父的收入来源。“我告诉母亲，‘您无须告诉我金额。我只需要确认您知道具体是什么收入。’”瑞恩说。然后，瑞恩让母亲制作了收入来源的详细清单，并保存在 Dropbox 上。瑞恩还收集了汽车险、屋主险、人身险等母亲和继父的保单信息，瑞恩也请母亲和继父把电子版保单保存在 Dropbox 上。

第七步：不带偏见地听，然后记下一切

“当你和父母谈论财务状况时，”瑞恩提醒说，“不要对父母做出任何判断，这一点很重要。”要知道，对很多人来说谈论金钱是很困难的。如果父母对他们的经济状况感到尴尬，这对他们来说尤其困难。你只需要提问并倾听。

当倾听的时候，写下父母分享的所有重要财务信息。比如，账户。瑞恩建议用笔和纸而不是电脑做笔记，因为把信息输进电脑将使谈话更正式。“你要尽可能地让父母感到舒适，而且你可以回去把你的笔记转录到电脑的 Word 或 Excel 文档中。如果父母不愿意透露他们的账户、债务、保单或遗产规划文件的具体细节，你可以让父母把这些信息储存起来，有紧急情况时，你可以使用，以帮助父母。”你需要搜集的信息的详细内容参见第 9 章。

第八步：想办法让困难的谈话变容易

瑞恩把和他母亲最难的关于临终计划的对话留到最后。“这是一场艰难的谈话，因为你不想让人觉得你是那种想要了解父母遗产是多少的孩子。”瑞恩说。当然，这不是他的目标。瑞恩只是想知道母亲是否已经记录了她最后的愿望。瑞恩还想确认一下，母亲和继父是否有详细的医疗保健要求，包括想要的临终关怀方式，以及是否在自己不能做决策时指定了财务和医疗方面的律

师等。

为了使谈话更轻松，瑞恩请母亲共进午餐，没有做笔记。“看，这样做不是为了我，而是为了您。如果继父吉米离开了，您不仅会悲伤，还会有很多工作要做。让我们趁着工作还简单，您精神状态尚佳时，把它做完。”瑞恩还指出，这是母亲和继父吉米在精神状态和健康情况变化之前应该做的事情。为了使法律文件有效，人们必须具备完全民事行为能力才可以签署。

就在他们谈话期间，瑞恩发现母亲和继父的遗嘱等法律文件的有效期没有及时更新。另外，母亲和继父都没有详细的医疗保健要求。瑞恩告诉母亲，他们必须起草这一重要文件来详细说明如果出现紧急情况或他们无法表达自己的意愿，他们愿意或不愿意接受的治疗类型（如生命支持系统）。如果母亲和继父没有这些文件，亲人将不知道他们想要什么。瑞恩告诉母亲，虽然现在不必马上决定，但是母亲有必要考虑与遗产规划律师会面。

“我把更难的问题交给遗产规划律师。”瑞恩说，“我想让第三方来得到这些问题的答案。”

他还告诉母亲遗产规划律师需要的基础文件，母亲可以提前准备。幸运的是，在和母亲进行财务谈话期间，瑞恩已经收集了大部分信息，并将其存储在 Dropbox 上了。

在和母亲的午餐会议结束后的两个月内，瑞恩的母亲已经见过律师，并且签署了她需要的所有遗产规划文件。母亲用邮件将遗产规划律师的联系方式发给瑞恩，如果有紧急情况发生，瑞恩可以联系律师，并找到需要的文件。瑞恩说：“我现在知道，所有的事情都已经按照母亲的意愿安排妥当了。”

（注：大多数律师不保留遗产规划文件的原始版本，所以不要期待父母的律师会有这些文件。即使律师保存了文件，他们可能也不会交给你，除非你已经被指定为父母的代理人。）

09 深入了解父母的经济状况

是时候深入了解父母的经济状况了。当然，可以收集到的信息量取决于父母分享的情况。为了了解父母敞开心扉的程度，我设计了信息收集列表。理想情况下，尽可能多地收集关于父母的财务信息，以便可以在父母无法管理自身财务的时候提供帮助。随着时间的推移，父母更愿意分享财务信息，你也需要审慎地收集相应的信息。

除了本章提供的详细列表，在美国，你也可以在 CameronHuddleston. com 下载“紧急情况”空白表，请父母填写。这一章里，我们还将帮助理财新手对理财基础知识有进一步的理解。

对于不情愿的父母，从最基本的开始

不愿意谈论财务情况的父母，不愿意分享更多的财务细节。这没关系，你大可不必急于催促，否则可能错失父母分享信息的机会。以下是一些你应该试着找出的关键信息，以避免在紧急情况（甚至死亡）发生时出现财务混乱。

明确要求父母分享这些信息，这样你们所有人都可以为最坏的情况做好准备。应该询问的问题如下：

有遗嘱或生前信托吗?

让父母知道，问这个问题不是为了了解你是否能获得遗产，而是想确认父母有书面计划，说明百年之后他们的资产将如何处置。没有遗嘱或生前信托，将由法官按照法律，决定父母的财产和资产如何处置。通过法律程序解决这些问题，对于活着的亲人而言，可能会非常艰难。

即使父母没有多少财产，如果父母想对“谁将得到什么”拥有发言权，他们就需要这些法律文件。更多关于遗嘱和生前信托的细节，见第 10 章。如果父母已经准备了遗嘱或生前信托，询问父母这些材料放在哪里，以便需要时可以找到。还要询问父母指定的遗嘱执行人是谁——当大限来临时，谁被委托处理遗产。如果遗嘱执行人是你，你需要和父母谈谈作为遗嘱执行人的职责。

有授权委托书吗?

对父母而言，在身体健康、心智健全的时候指定遗嘱执行人，其重要性怎么强调也不为过。这份法律文件——可以由律师起草——允许父母在他们不能做出财务决策时，委托他人处理。

为保证授权书文件是有效的，签署者签署文件时，必须具有完全民事行为能力。如果父母已经发生了一些状况（例如中风、昏迷或失智），而又尚未指定律师，就须通过法律程序，由法官指定司法人员来执行父母的财务决策。第 10 章介绍了多种类型的授权书。如果父母已经指定某人作为他们的授权委托人，应该确认，你是否就是这个人，以及执行文件在哪里。

有生前预嘱吗?

如果答案是没有，向父母解释这一文件的作用是可以详细说明，如果失去做决策的能力，他们想要的医疗护理和临终关怀是什么。一份生前预嘱也要求父母指定医疗健康代理人——在父母无法为自己做决策时，由指定代理人代做医疗决定。如果父母没有生前预嘱，你和兄弟姐妹可能将在并不了解父母需要的状态下，代父母做出维持生命的决定。或者，法院可以指定某人为父母做出医疗决定。

在 www.caringinfo.org 网站上，全美临终关怀组织提供了可免费下载的各州生前预嘱模板。不过，请律师起草一份更详细的生前预嘱将是一个不错的主意。本书第 10 章提供了关于生前预嘱的更多细节。

如何付账?

和其他三个问题一样，这个问题也很重要，如果父母出现紧急状态，了解这个问题的答案将有助于避免财务困扰。在问这个问题的时候，应该把它重点框起来。你需要了解父母是设置了账单自动支付，还是每月手动支付。如果是后者，请找机会推荐父母尽可能多地使用账单自动支付，以确保账单能及时得到支付。告诉父母，做这件事情是帮助他们解决每个月都要担心的事。也可以帮助父母设置账单自动支付，这将让你进一步了解父母每月花销的明细。

如果父母不愿意做，请父母了解，当紧急情况发生，他们无法自己支付账单时，必须指定你为代理人，并告诉你在哪里能找到授权文件且知道他们开户的银行，银行也确认你是名字在册的代理人，可以代签署支票，这样你才可以帮他们支付，否则，他们的账单将无法支付。如果父母已有失智的迹象，需要尽早同父母一起去他们的银行，确认你是账户代理人。如果父母相对年轻、身体健康，那么不需要坚持在此时采取这个步骤。

尽你所能，找到这4个问题的答案。至少，如果知道父母有遗产规划文件，就不用担心父母有没有写出他们最后的愿望，并指定代理人为他们做出财务和医疗决定。如果知道账单是自动支付的，在紧急状况发生时，将少一项困扰。如果父母没有财产规划文件（尤其是授权委托书），需要提醒父母，当他们健康情况不佳，无法独立处理财务状况时，家庭成员可能要花费很长的时间，经历烦琐的法律程序，以获得法院审判结果，获得使用他们账户并支付账单的权利。

当他们准备分享更多信息时

了解基本财务信息，比如父母是否有重要的法律文件等，会在紧急情况发生时，让事情变得简单一些。但如果父母出现健康问题而住院，或者父母失智，你就需要了解更多财务的细节。还有，如果你怀疑父母正在经济上挣扎，可能需要你的财务援助，了解更多财务信息也很重要。

- **收入来源**：如果父母还在工作，显然，他们有自己工作或做生意的收入。此外，他们也可能有派息股票或出租物业等投资收入。其他收入来源包括残疾救济金（受伤后不能再工作时）。如果退休，常见的收入来源包括社会保险、养老金[①]，以及如定期存单之类的非退休账户和经纪账户。让父母告诉你，或者列出所有的收入来源。告诉父母，如果需要你帮助他们打理财务，你需要知道这些信息。如果父母很快将退休，又不知道未来的月收入或者社会保险数额，可以在社会保障局网站在线查询，在美国还可以访问当地的社会保障局办公室或拨打热线电话寻求帮助[1]。
- **银行账户**：知晓父母的开户银行和不同类型的银行账户，比如支票账户和储蓄账户（不须问父母账户里有多少钱），还要看看父母有没有共同的或独立的银行账户。如果某一方发生意外情况，要确保另一方有能力用现金支付账单。如果账户不是共同账户，健康一方或幸存者，可能无法使用账户里的钱。
- **家庭债务**：不一定要弄清楚父母欠款的具体金额，不过，知晓具体有哪些类型的债务是非常有帮助的。父母有抵押贷款、汽车贷款、个人贷款，或者商业贷款吗？父母有信用卡吗？信用卡透支了吗？有医疗欠款吗？父母还在偿还你的助学贷款吗？或他们还在偿还自己的助学贷款吗？如

① 在美国，主要包括军人退休金、退伍军人养老金、退休储蓄账户如401（k）或IRA（Individual Retirement Account，个人退休账户）、年金。

果父母对自己的债务类型和数额不清楚，他们有完整的信用账户清单吗？父母可以从完整的信用报告上了解这些债务信息。

- **每月账单：** 理想情况下，你应该知晓父母每月支付的所有账单的清单，而不仅是父母如何支付账单。有了这个清单，当父母没有能力支付时，你可以确保父母所有的账单都能得到支付。除了生活必要花销，如水和电等账单，你也需要了解，父母是否有月度订阅服务，比如有线电视或手机费、视频流媒体或信用提示等服务。
- **保单：** 了解父母有哪些类型的保单（屋主险、车险、连带责任险、寿险、健康险、残疾和长期护理保险），是哪些保险公司的保单及对应的保险代理人的姓名，以及如何支付保费。询问父母保单保管在哪里，还要确认父母列出了所有保单的受益人。
- **投资账户：** 询问父母是否拥有股票、债券和共同基金等投资账户，是不是在投资公司或银行开立的账户，而不是退休账户。需要了解开立投资账户的具体金融机构的名称。
- **房地产：** 知晓父母拥有的房地产的物业信息，包括地址、物业经理，以及是否有未偿还的房地产贷款。
- **金融专业人士：** 获取为父母服务的所有专业人士的姓名和联系信息，如律师、会计师或理财规划师。
- **遗嘱：** 告诉父母为了实现他们最后的心愿，你想知道他们对自己的葬礼或入葬有怎样的想法。事实上，请父母把最后的愿望写下来，可以确保父母的心愿是清晰无误的。询问父母是否为葬礼预付了费用，如果已经预付，找出那家殡仪馆或保险公司①。如果没有，那就不要鼓励父母提前支付丧葬费，因为殡葬业消费者联盟[2]对此已经提出了警告。通常，这类保单的保费，比死亡后要昂贵。而且，如果父母在购买保单后的较短时间内就去世了，保险公司还有可能不会支付全部赔偿费用。

获取你需要的所有必要信息

如果你的父母是比较开放的，可以请他们分享以下具体财务细节。如果父母感觉舒适，可以请父母写下这些信息，或者填写“紧急情况下”表格并储存在安全的地方，以备紧急情况发生时你知道如何使用。

我知道，有的父母确实愿意把这些信息提供给他们的孩子。我有一个朋友，她父母给了她一份财务信息，并且每6个月更新一次。

如果父母给了你详细的财务清单和账户信息，一定要放在安全的地方，且只有你和凭你授权的人才能看到它。如果你父母的身份信息落入坏人之手，这些敏感信息有可能被利用。

---

① 在美国，有预付丧葬费条款的保单。

需要收集的详细财务信息：

- 社会保险号码。
- 医疗保险或医疗补助号码。
- 驾照号码。
- 军官证。
- 银行账号、密码，以及金融网站账户的用户名、密码。
- 订阅服务的用户名和密码（如奈飞和亚马逊的服务，当父母去世后，你需要取消订阅）。
- 社交媒体账户的用户名和密码。
- 房屋和其他物业的钥匙的存放处。
- 支票、借记卡和信用卡的存放处。
- 银行保险箱钥匙的存放处。
- 家庭保险箱或保险箱组合的存放处及钥匙。
- 财产契约和估价单的存放处。
- 汽车所有权证的存放处。
- 股票或债券凭证的存放处。
- 过去的纳税申报表和当年的税务文件、收据等的存放处。
- 珠宝、银器等贵重物品的存放处。
- 商务合同的存放处。
- 目前的雇主及工作经历。

需要收集的其他重要信息：

- 父母的生日（如果你总是记不住的话）。

- 医生和治疗师的姓名及联系方式。
- 过敏药物清单。
- 药物清单、剂量、处方医生和药房信息。
- 健康状况（糖尿病、高血压等）。
- 病史（进行手术或治疗的日期，如果有的话）。
- 不进行心肺复苏协议的存放处（可能包括在生前预嘱内）。
- 紧急联系人。
- 出生证明的存放处。
- 结婚证或离婚判决书的存放处。
- 兵役记录的存放处。
- 做礼拜的地点。
- 照顾宠物须知。
- 你父母的朋友名单（父母希望通知死亡消息的朋友）。
- 成就、经历情况（讣告中需要使用）。

拥有这些信息会有什么帮助

正如我在本书前面提到的，我最大的遗憾之一，就是没有提早和母亲谈她的财务状况。幸运的是，母亲情况尚佳的时候，指定我和妹妹为代理人。

后来，母亲的记忆力开始衰退，我就不得不采取行动帮她解决财务问题。这是艰难的过程。由于母亲患了阿尔茨海默病，在需要母亲的所有账户信息时，我不得不扮演侦探的角色，仔细检查母亲的钱包、邮件、税务资料，还有母亲的银行财务报表。我觉得自己很尴尬，可我别无选择。

我需要所有这些细节，包括母亲的社保号码，以便可以联系母亲的开户金融机构，列入授权委托书，为母亲做财务和医疗决定，为母亲报税，还要代表母亲与社会保障局沟通。

如果父母有健康危机，会迫使你不得不为父母提供帮助，你会需要我建议你收集的大部分信息。没有这些信息，你会发现，要为父母提供帮助是非常困难的。即使父母一直很健康，当父母离去，你也需要这些信息来关闭账户、领取人寿保险金，并保证遗嘱的执行。

收集这些信息也会让你深入了解，父母在退休后是否有足够的钱生活。例如，你知道父母一直在联系理财规划师或者在做详细的退休规划，你就可以松一口气，因为父母经济状况可能尚可。如果你发现退休后父母唯一的收入来源是社会保险，那你要意识到，父母可能会有一段艰难的日子，尤其是父母还有债务的话。

美国社会保障局2018年公布的月平均社会保险退休金只有1 413美元[3]。如果父母双方每个月都得到这么多社会保险退休金，且没有住房抵押贷款和其他债务——也无须长期护理，那么他们尚可过上基本舒适的生活。

如果父母有抵押贷款或其他债务，且有严重的健康问题，或生活在一个生活成本较高的城市，平均社会保险退休金可能不足以维持日常生活。你或许可以建议父母延长工作时间，推迟领取社会保险退休金。因为延迟领取，直到70岁退休[4]，父母可以增加他们的社会保险退休金数额。

根据目前的政策，如果等到 70 岁，受益人可以获得最大金额，大约是 3 700 美元。当然，健康问题可能会阻止父母工作更长时间，从而无法推迟领取社会保险退休金。

重点是，父母应该在申请领取社会保险退休金之前，研究何时领取，以获得最大金额。

你也可以告诉父母，退休后搬到小一点的房子的好处（见第 13 章沟通搬家事宜）。如果父母的经济状况处于挣扎之中，你可能需要检查自己的财务状况以及你是否愿意参与其中——如果有必要的话，看看你是否有能力帮助父母。

越早和父母交谈，越有充裕的时间来计划和帮助父母采取措施改善财务状况。

10 聊聊遗产规划，了解父母想要什么

需要提前说明，本章的目的不是帮助你和父母交流遗产的继承问题。

事实上，很多理财规划师都告诉过我，正是因为不想触及遗产继承的话题，有些父母才不愿意和孩子谈论财务问题。

父母不希望孩子认为自己可以整天无所事事、优哉游哉，只因知道了自己总有一天会发一笔横财。父母也不希望孩子知道分配的财产一个孩子多于其他孩子，怕孩子们会有怨言。

关键是，你甚至不应该指望得到遗产。你应该给自己打好预防针：从父母这里，你什么都得不到；唯有脚踏实地、认真工作，做好自己的理财规划，确保自己的财务安全，才是上策。退一万步来说，若你真的得到了遗产，尽可以把它看作锦上添花。

既然如此，为什么要和父母谈论他们是否有遗产规划文件呢？首先，你需要确保父母有合法的文件来阐明他们的愿望。重要的是，了解父母想要什么，而不是你希望得到什么。

明确父母想要什么，对父母身后的亲人来说，事情会变得容易些。

此外，遗产规划远远超出了遗嘱的范畴。

当父母失去民事行为能力时，遗产规划中包含的重要法律文件，能确保有人可以为父母做出财务和医疗决定。事实上，可以这样说，这些文件——授权委托书和生前预嘱——甚至比遗嘱或生前信托还要重要。

如果父母出现紧急情况（如中风、昏迷、失智），且他们又没有指定代理人，那么，亲人们将不得不通过烦琐且代价高昂的法律程序被任命为父母的财务代理人，才可以支付父母的账单。

如果父母没有告知他们需要怎样的医疗护理或临终关怀，家庭成员最终可能需要在法庭上为是否使用生命支持系统而争吵。

这些最糟糕的情形都是可以避免的——前提是，父母了解并制定了生前预嘱、遗嘱、生前信托和授权委托书。然而，这是一个很难面对的话题，因为这个话题会激起人们对死亡的恐惧。这就是为什么小心地开启对话非常重要。让父母明白，你想知道他们的愿望是什么，也想知道这些愿望是否已被合法记录下来。

为了进行好这场对话，你需要了解各类遗产规划文件。如果父母说他们已经有这些文件，你仍然需要了解父母期望你承担的法律角色。如果父母指定你为他们的财务和医疗健康代理人，或者遗嘱的执行人，那么这是一份需要认真对待的责任。了解父母的愿望，才能很好地执行。

授权委托书赋予的责任

授权委托书是一份文件，当事人失去民事行为能力时，授权委托书赋予一个或多个人为当事人做财务决策[1]的权利。赋予的权利可以大到让某人来管理当事人所有的财务事务，或者被限制在一些特定的交易领域，如限定只能进行房地产交易。

授权委托书具有一定的弹性，这意味着它只会在某些情况下生效，通常是当事人丧失民事行为能力的时候，立即有效且持久有效。这意味着，即使当事人不再有民事行为能力，授权委托仍然有效。其实，这往往是执行委托授权的理由——当事人不能决策的时候，代理人就可以做出决定。但是，一旦当事人失去民事行为能力，再做委托授权就不具有法律效力，且不可能生效。

高龄法律事务律师乔希·伯克利[2]通常会建议客户，签订一份全权有效的委托书，而不是特定权限的授权书。

特定权限授权书的问题是，当事人并不总能预知会发生什么，当设定限制后，该授权书可能阻止代理人协助进行某种财务决策。特定权限授权书有一定的弹性，弹性表现在代理人可能无法执行命令，除非代理人通过层层验证，证明当事人已经不再具备民事行为能力——比如从医院得到书面证据，并进行声明。此外，更大的问题是，如果希望一份弹性委托书生效，在何种情况下需要证明当事人丧失民事行为能力。伯克利说，具体执行上，关于使弹性委托书正式生效的触发点尚存争议。

最好的办法是赋予信任的人综合权利。如果紧急情况发生，授权委托书就会生效。“把它放在安全的地方，并且通过相应的步骤才可以取得。”伯克利说，“没有拿到书面的授权委托书，即使被指定为代理人，实际上也没有任何权利。”

也就是说，关于授权委托最重要的事情包括当事人必须具备签署授权委托书的能力，这意味着**必须在父母出现使他/她不能胜任的问题（如中风、失智或者昏迷等）之前起草和签署**这个文件。“提前进行的重要性不言而喻。”伯克利说，“一旦发生什么事，就太迟了。”还记得我在第4章写过的道格吗？在患上阿尔茨海默病之前，道格的父亲没有指定代理人，道格花费1万美元和几个月的时间通过法律程序，才成为父亲的监护人。这是道格获得协助父亲管理财务的法律权利的唯一可以采用的办法。

走法律程序，不仅要支付高昂的费用，还会对家庭造成情感上的伤害。“你并不想对父母这样做——带父母去证明他们已失去民事行为能力。”伯克利说，“在父母中风以后，还把他们带到法庭，出示足够的文件来证明父母已‘一无是处’了。谁想对自己的父母这样？没人愿意这么做。”

你需要向父母指出，如果父母在有民事行为能力时不指定代理人，这种情况就会发生。而且，提前一点点计划，就可以对防止未来出现严重的财务问题有很大帮助。

如果父母已经签订授权委托书，不管父母指定你还是你的兄弟姐妹作为代理人，都须查看一下你被委托的权利有多大，在需要时哪里可以找到授权委托文件。没有授权委托原件，金融机构或政府相关部门将不允许你访问你父母的金融账户。同时，要让父母知晓，创建财务账户和其他个人信息列表（如第 9 章所述）是很有帮助的，当父母无法再管理自己的财务时，需要让受托人知道该如何使用它们。

父母对于授权委托可能有疑问或担忧。如果父母不熟悉授权委托书，可能会提出疑问或反对起草这份文件。以下是一些可能的应对方法。

问：为什么我需要制定一份授权委托书？如果我不能做决定，我的配偶 / 伴侣可以为我做。

答：不一定。您的配偶或伴侣只能访问你们双方共有的账户。换句话说，如果您有独立的银行账户，且没有授权委托书，您的配偶 / 伴侣将无法访问。即使你们有共有账户，且所有的财产由你们共有，可能仍然会遇到问题。举例来说，如果他 / 她没有委托书，需要出售财产来支付您的医疗费用时就会出现问题。通常情况下，买卖双方都必须签字同意，财产才可以被出售。如果您的配偶 / 伴侣还没有取得您的授权委托，他 / 她无法取得您的签字，你们共有的财产将无法被出售。另外，如果双方同时发生了情况（如车祸）该怎么办？如果你们两人都不能进行财务决策，则需要指定第三人作为代理人，以防不测。

问：为什么我要给别人这么大的权利，来用我的钱去做他们要做的事？

答： 您可以只给予有限的权利。只是律师们表示，实际上，给予更广泛的权利更好。只需确定最信任的人，这个人将按照实现您的最佳利益的方式行事。另外，在大多数情况下，那个人不能访问您的任何财务账户或为您做任何决定，除非他或她有由您签署的授权书原件。所以您可以把它放在一个安全的地方，说明在某种情况下您不能自己做决策时，受托人通过确定的方式才能获得它。

问： 我为什么要担心这个？还要花我一大笔钱去找律师做这份文件？我相信，如果我发生什么情况，你能用我的账户帮我付账单。

答： 是的，请律师起草一份授权委托书是要花钱的，两百到几百美元，如果您也有其他财产规划文件起草，律师费甚至更多。可是，如果您失去民事行为能力，又没有授权委托书，我只能通过法律程序成为您的监护人，才可以管理您的财务账户，帮您付账。获得监护权需要聘请律师和医生，出具您失去民事行为能力的证明。这可能需要几个月的时间，要花数千美元。我不想让这些发生在您身上，而且，我确信您也不希望我不得不走法律程序来完成这个过程。

医疗照护事前指示

医疗照护事前指示是一份法律文件，是让你说明愿意或不愿意接受哪种医疗护理的临终遗愿（通常被称为“生前预嘱”）[3]，即你是否愿意选择通过心肺复苏术、管饲、呼吸机或其他延长寿命的治疗方法来维持生命。你也可以特别约定，是否希望疼痛干预管理，在生命的尽头保持舒适体验。

医疗照护事前指示也要求，当你无法为自己做决策时，授权某人为你做医疗决定。该文件被称为医疗保健授权书，被授权做医疗保健决策的人被称为医疗保健代理人。需要明确的是，医疗保健代理人只有在当事人无民事行为能力时才可做治疗决定。不过，当事人必须有民事行为能力才能签署医疗照护事前指示。[4]

在医疗紧急情况发生前签署医疗照护事前指示，对于父母很重要。这样，父母可以说出自己的心愿，从而减少混乱。

“美国每个州都有个人临终遗愿管理条例，以确保当事人的临终遗愿被知晓。”遗产规划律师伊丽莎白·辛格说。[5]各州提供免费的临终遗愿表格①。为了保证表格有效，通常需要公证或其他正式签署手续。[6]同时，根据美国律师协会的说法，这些表格往往过于笼统，[7]所以最好还是请律师起草一份更具体或详细的医疗照护事前指示。如果父母在两个或两个以上的州居住，那么则需要在每个州都做医疗照护事前指示。

“如果父母没有医疗照护事前指示，医生可能就提供什么样的临终关怀问题，与你和其他家庭成员商讨。”辛格说，“当家庭成员对治疗的意见不一致时，问题就出现了。”辛格有位客户，

① 在美国，可以从 www.caringinfo.org 上下载。

客户的母亲没有生前预嘱，中风之后昏迷不醒，而这位母亲的孩子们却无法就是否同意继续维持母亲的生命达成一致。所以，医生采用医疗手段维持母亲的生命达 7 年之久，直到她去世。这些年帮助母亲维持生命的治疗耗尽了母亲所有的财产。

如果父母有医疗照护事前指示，让他们把副本交给医生，与医疗记录一起保存好是很重要的。你可以鼓励父母与你或其他家庭成员讨论，希望得到何种临终关怀，通过医疗照护事前指示明确授权委托谁来执行。这样一来，在紧急状况发生时，大家都不会感到意外。

父母可能会对医疗照护事前指示有疑问和担忧：在生命的最后阶段，详细说明想要或不想要哪种医疗保健方式可能会让人感到害怕。委托一个人来为你做医疗决定是一个重大的决定。所以，如果父母对医疗照护事前指示有顾虑，你不应感到惊讶。以下是一些可能提出的问题及回答。

问：我不能直接告诉你或我的医生我想要什么吗？为什么需要我写下来呢？

答：我们可能记不住，而且到时候，您的医生可能也忘记了。而且您被送进医院可能由其他医生为您治疗。另外，如果没有一份详细的说明文件，无法保证所有的医生都会遵从您的意愿。

问：我甚至不知道自己想要什么样的临终关怀。如果我改变主意了，怎么办？

答： 在做出决定并将决定写下来之前，您可以和您的医生谈谈您的情况。而且您写下来之后，任何时候改变了想法，您都是可以进行修改的。

如果您没有做出决定，并写入医疗照护事前指示，别人将不得不为您做出决定。如果家人无法决定是否使用医院的生命支持系统，可能会面临昂贵的官司。您愿意这样吗？

问： 如果我指定一个人作为我的医疗照护事前指示受托人，这是否意味着那个人现在就可以开始为我做决定？

答： 并不是。您的医疗照护事前指示受托人只能在您不能为自己做出决定时，按照您的意愿选择医疗方式。当然，和您的医疗照护事前指示受托人谈清楚您的意愿是很重要的，这样，在事情发生时就不会混乱。如果您没有指定受托人，我们其中一个需要通过法律程序被指定为您的监护人。[8]

问： 这难道是老年人该做的事情吗？我虽年长，可我仍然非常健康，所以不必着急去做这件事。

答： 我们永远不知道“明天的太阳和意外，谁会先到”。如果是一场严重车祸，我们必须要决定是否使用医院的生命支持系统，而为您做出这个决定，我们真的感到很为难。

遗嘱或生前信托

遗嘱是一份法律文件，可以让当事人清楚地说明，当自己百年之后，谁在什么时候得到什么财产。遗嘱绝不仅仅是为富人和名人准备的。即使你没有很多财产，你对你的财产仍然拥有多种发言权。如果你并未订立遗嘱，遗产规划律师丽莎·汉克说："在你离世之后，法律将规定谁能得到什么。[9]这意味着，你的房产、汽车或你银行里的钱，可能会分配给那些你并不希望拥有它们的人。这也可能导致家庭不和。"

当你和你父母谈论他们为什么需要立遗嘱的时候，你可以指出这一点。你还可以让父母知道，遗嘱就像给你和你的兄弟姐妹及其他家庭成员的礼物，这样，在大家都处于悲伤时，不必再艰难地做决定。

"遗嘱还允许你指定遗嘱执行人，在你身后代表你行事。这个人将负责你最近一次的纳税申报单的归档、债务的清偿和资产分配。每个州的法律对谁可以作为遗嘱执行人都有规定。"辛格说。例如，遗嘱执行人通常需要至少18周岁。有些州要求遗嘱执行人必须是该州的居民。有些州则允许非居民成为遗嘱执行人，只要他们与死者有亲属关系。如果你与你父母不住在同一个州，且他们想指定你为他们的遗嘱执行人，可能就需要考虑授权委托一名该州居民作为遗嘱共同执行人。"如果你无法到现场处理遗嘱执行人的事务，或你父母所在的州不允许非居民作为遗嘱执行人，那么父母需要授权另一位亲戚、家族的朋友或专业人士如律师、银行人士或信托人士，作为遗嘱执行人。”辛格说。

遗嘱执行人必须能够参与遗嘱认证分配财产的法律程序。[10]一些保单和退休账户指定的受益人可以绕过遗嘱认证分配过程[11]（所以保单受益人及时更新十分重要），以死亡为支付标的的账款，可以不经遗嘱认证直接转给受益人。

遗嘱认证的过程因州而异，根据美国律师协会的统计，遗嘱认证平均需要6到9个月的时间。[12]遗嘱认证的费用各州也不同。在一些州，比如汉克斯律师任职的加利福尼亚州，遗嘱认证的费用可能会非常高，因为律师可以根据遗嘱按一定比例抽取费用。例如，100万美元的房产的遗嘱认证费（在加州这不算离谱，因为加州房价很高，汉克斯说）是23 000美元。当事人可以通过设置生前信托，来避免遗嘱认证和高额费用。

生前信托类似遗嘱，其允许当事人按照意愿指定在其百年之后资产如何分配。不仅如此，生前信托可以比遗嘱更详细地说明受益人将如何以及何时获得资产。两者最大的不同在于，生前信托中的资产可以避免遗嘱认证过程。在加州，这对拥有大量房产的人意味着巨大的费用节省。汉克斯说，设立生前信托，律师收取3 000~5 000美元，比设立遗嘱的律师费略贵，不过，可以省去遗嘱认证的过程。

然而，如我所言，信托财产可以避免遗嘱认证，意味着你的资产必须在你生前转移到信托公司。有指定受益人的资产，如人寿保险保单、退休金账户和以死亡为支付标的的账款，不需要被转移到生前信托中，因为在当事人百年之后，这些资产将自动归受益人所有。而投资账户、房地产（比如你的房屋），以及任何其他有价值的资产都需要转移到生前信托中。转移过程包括将你名下的资产转移到信托公司，并且填写相应的金融表格。你还必须指定一个受托人管理信托资产。在美国，你可以指定自己作为受托人，然后指定一个继承人，当受托人身故时，继承人将管理信托。

除了避免遗嘱认证，拥有一个生前信托也可以保护隐私。遗嘱通过认证后，即成为公共记录。而生前信托从某方面来说，是永远不会被公开的。对于那些拥有大量房产，想要保护自己隐私，或者那些希望在百年之后对他们的资产有更多控制权的人，值得花费时间、金钱和努力创建一个生前信托。不过，如果所在的州遗嘱认证花费不高，只为避免遗嘱认证的话，父母则不需花更多的钱来建立生前信托。

如果父母有遗嘱、生前信托，或者两者兼而有之，你需要询问相关文件存放在哪里。如果没有人能找到这些文件，那么这些文件将不会发挥任何效用。同时，询问父母谁被指定为遗嘱执行人或受托人。如果是你，考虑清楚你是否有足够的精力做好这项工作。这可能是一项极端耗时，有大量细节需要关注，并且需要和其他受益人和睦相处的工作。为了让你的任务变得轻松，请父母创建一个详细的清单，列出财产、账户，并且和父母的遗嘱存放在一起。这样，在父母离世以后，你就可以不用当侦探了。

父母对遗嘱和生前信托可能存在疑问和顾虑：根据 Caring.com 公司的一项调查，仅有不到一半的成年人有遗嘱或生前信托。如果您的父母和大多数美国人一样也没有这些重要的法律文件，可能是因为他们不认为这些文件很重要。也可能是因为他们不想虑及身后之事，或者只是还没有到准备写下遗嘱的阶段。不管怎样，如果提起遗嘱和生前信托，你可能会遇到一些来自父母的阻力。下面是一些他们可能会问的问题和供你参考的回应方法。

问：为什么我需要遗嘱？你妈妈 / 爸爸会得到我死后的一切。

答：这个要看情况。如果没有明确的遗嘱，有些州会在未亡配偶、子女、其他亲戚之间分割财产，所以妈妈 / 爸爸可能不会得到所有的东西。如果您想了解和控制财产分配，去和律师见面了解相关法律可能是个好主意。

问：为什么我需要遗嘱？我不富有。

答：即使您没有很多财产，您仍然拥有对财产的发言权。如果没有遗嘱，将由法官来决定谁能得到您的财产。这样，最终您的财产可能会到一个您并不希望得到它的人那里。

问：我不能手写遗嘱吗？我真的需要请律师吗？

答：您可以写自己的遗嘱，但必须完全手写，签上名字，写上日期。但它可能和律师起草的遗嘱一样，在法庭上没有效力。而且，因为您不是一位律师，缺乏写遗嘱的经验，有可能不能覆盖所有必需的内容。

问：我的律师说我应该有一个生前信托，以避免遗嘱认证。这是个好主意吗？

答：您应该问问您的律师为什么遗嘱认证不是一个优选方案。如果律师说因为遗嘱认证费用很贵，可以询问他或她，大概要花多少钱。立生前信托对您可能是正确的方法，不过，也可能是出于律师的考虑，毕竟立生前信托的律师费更高，比起立遗嘱，办理生前信托，律师能赚更多的钱。

问：我不想谈论这个，因为它让我想到死亡。

答：我知道这对您来说很难。一想到未来可能发生在您身上的事，我也感到很困难。可是，如果没有遗嘱，对于我们决定谁该拿走什么则会是难上加难。我们想要确保您的愿望得到执行，但这意味着，我们必须知道您的愿望是什么（你甚至可以告诉父母，写遗嘱使大家了解父母的意愿，有助于预防家庭争吵，维持家庭和谐）。

父母应该自己动手吗？

理想情况下，父母应该与律师一起起草遗产规划文件，以确保这些文件既符合法规，又能满足父母的需要。父母可以通过联系律师协会，或者通过朋友或家人的推荐，找到遗产规划律师。

如果父母请不起律师，那就请父母通过免费和低成本的方式获得需要的法律援助。例如，律师协会提供免费的可下载的遗嘱表格。

汉克斯是一位兼任遗产规划律师的作家[13]，他认为，这些零成本和低成本的版本注定是大众化和非量身定制的。不过，有基础的遗产规划总比没有强。父母在财务状况有所改善或有更多时间去与律师见面的时候，可以在基础版本上进行完善。请记住，这些法律文件需要正确的签名，以确保有效。这些文件和律师起草的文件一样，都有可能无法经受住法庭的检验，成为无效的遗嘱。

11 为什么年长者容易被骗，如何保护父母远离财务欺诈

父亲去世后不久，丽塔·程送给母亲一部智能手机，以方便母亲与朋友保持联系。她说，这似乎是一件正确的事情。可是，手机为母亲提供了接触脸书（Facebook）和互联网上的人——那些在网上说的和实际并不一致的人的机会。

丽塔的母亲开始花很多时间进行电话交流，并且提到一个叫比尔的人。

这引起了丽塔的警惕。丽塔是国际金融理财师、全球蓝色海洋财富管理公司的首席执行官、华盛顿防止虐待年长者委员会的成员。[1] 她的初衷是希望母亲结交朋友，不希望过多干涉母亲。现在她不得不向母亲询问并警告母亲网恋的危险。丽塔告诉母亲，不要邀请在网上认识的人去家里，并且只在白天见面——永远不要在晚上见面，而且只在公共场所见面。

只是，丽塔母亲在丈夫去世后，变得很脆弱，和母亲在网上聊天的那个男人乘虚而入。他说服母亲把15 000美元转到一个银行账户，这样他就可以为他们买机票一起去旅行。要不是发生了一系列事情，丽塔可能不会发现母亲已经被骗，而且骗子已经得逞了。

丽塔母亲所居住的马里兰州的一名社工，给丽塔打来电话，告诉她，母亲是一个“心上人骗局”的受害者。

丽塔哭了：“我哭是因为，我怎么能让这种事情在我眼皮底下发生呢？”

马里兰州的社工转达了另一名俄勒冈州波特兰市社工打电话反映的情况，一名妇女打电话告诉这个俄勒冈州波特兰市社工，说自己的银行账户里转来很多钱，这使得她失去领取伤残保险津贴的资格，而钱是从丽塔母亲的账户转过去的。

丽塔怀疑是欺骗母亲的人，即那个在网络上和丽塔母亲成为朋友的人，借用了这个俄勒冈州波特兰市妇女的账户，说服丽塔母亲把钱转账到该账户上的。

社工打电话给丽塔母亲，想要得到更多的信息，从而发现了这桩涉嫌诈骗的事件。丽塔母亲让社工打电话给丽塔。丽塔在接下来的 6 个月里，为了拿回母亲的钱，通过向银行打电话、写信等一系列程序，经过不懈的努力，最终从转出的 15 000 美元中收回了 13 600 美元。

丽塔母亲认为自己转账给了一个名叫比尔的人，然后一起去度个假，而事实上，却卷入了一场骗局。

丽塔母亲只是每年“心上人骗局”成千上万老年受害者中的一员。仅 2017 年一年，美国联邦调查局的网络犯罪投诉中心就收到了 15 372 起遭受“心上人骗局”损失的受害者的投诉，涉及案件的受害者损失超过2.11亿美元。不幸的是，这不是以老年人为目标的骗子的唯一手法。

据美国年长者服务保护协会（NAPSA）[2]调查，大约每20个美国年长者中，就有一个说自己是财务诈骗的受害者。但这个数字可能并不全面，因为根据调研，每44起财务诈骗案件中，只有一起向美国年长者服务保护协会做了报告。尽管年长者每年因欺诈而遭受损失的总金额无法准确统计，不过一些估计显示，这个数据高达数十亿美元。[3]

简言之，对年长者实施财务诈骗是一个大问题。如果你不希望父母成为上述数据中的一员，你需要让父母意识到骗子可能会以他们为目标，这样才能加强防备，以免成为受害者。

为什么年长者会成为骗子的目标

任何人都可能成为骗局或欺诈的受害者。然而，年长者更容易被骗子盯上，是基于以下几个因素的影响。你无须和父母分享所有这些理由，不过知道为什么年长者更容易成为骗子的目标，对你而言很重要。

骗子认为年长者更有钱

骗子之所以对年长者下手，一个主要的原因，是骗子认为年长者拥有退休金，一笔来自社会保险、年金或其他资产的源源不断的收入。来自美国退休者协会（AARP，为50岁及以上的年长者辩护的领先组织）的欺诈问题专家凯西・斯托克斯[4]说："年长者被骗子当作目标，是因为钱。”

骗子认为年长者更脆弱

身体和心理健康衰退会使年长者更容易遭受财务欺诈。纽约州一项对年长者财务欺诈的研究[5]发现，该州68%的案例显示，受害者此前至少遭受过一次严重的健康损害；58%的受害年长者至少有一项日常活动需要他人帮助，如交通或准备饭菜。

不仅健康问题使年长者变得脆弱，其他问题也会让年长者更脆弱。

根据美国国家金融教育基金会（National Endowment for Financial Education）的调查，财务决策能力不可避免地会随年龄的增长而下降。即使是健康的成年人，也可能成为财务欺诈的受害者，因为随着年龄的增长，无论是认知财务风险的能力，还是管理财务的能力都有可能下降。

骗子认为年长者更容易信任别人

父母这一代，从小就被教育要有礼貌、要尊重他人——骗子很容易利用这些特征。联邦调查局称，行骗高手对这一点心知肚明——当被人求助或被人提出要求时，年长者拒绝的概率更低。

骗子认为年长者报案的可能性更低

根据美国联邦调查局的调查，年长者主动报告自己是受害者、“自己被骗了”的概率更低，他们因自己未察觉出诈骗而受骗上当，感到尴尬难堪；或者，他们发现情况不好时，不知道该如何报案。即使年长者真的报告自己是受害者，骗子也不太担心自己会被绳之以法，因为骗子明白受害者的年龄使他们很难记住犯罪细节。

更遗憾的是，许多骗子正在利用熟人效应欺诈年长者。许多研究[6]发现，1/3 到 2/3 的财务欺诈事件中，肇事者都是年长者的家庭成员。他们利用年长者的信任和扮演照顾者的角色来中饱私囊。这就是为什么要提醒父母，不只要注意那些想要利用他们的陌生人，也要注意那些能接近他们，并可能利用他们慷慨之心的人。最重要的是，你自己首先应该恪尽职守，千万不要辜负父母的信任。

如何使父母远离财务欺诈

无论我们做什么，也不能保证一定能帮助父母避免成为财务欺诈的受害者。不过，我们可以通过与父母谈论欺诈的相关情况，来降低父母被诈骗的风险。另外，这类讨论可能为开启父母经济状况相关的对话打开大门，这有助于你和父母共同努力保护好他们的财产。以下是你可以采用的一些开场白，以及可以采取的措施，以避免父母成为财务欺诈的受害者。

用事例开启对话

防欺诈专家斯托克斯认为，用一个例子来和父母谈论诈骗，是最好的方法之一。例子可以来自你读过的一篇文章，也可以是在广播或电视新闻中听到的一则报道。更好的是，你可以说你接到的一个骗子电话，提醒父母提高警惕。

理财规划师约翰·库珀说，他会把最新一期报纸上骗局类的文章剪下来，交给客户。如果你在网上阅读新闻，他建议搜索文章，然后把链接发给你父母——如果你的父母不使用电脑或智能手机，可以把文章打印出来。

美国退休者协会旗下的欺诈观察网也有欺诈新闻和避免受诈骗的相关资讯。在和父母交谈之前，你也可以使用这些网站上的资源，先自己了解骗局，搞清楚父母可能面临财务欺诈风险的原因。

向父母解释为什么有风险

在分享诈骗案例提醒父母之后，你要帮助父母了解为何年长者有可能成为犯罪分子的目标。请不要说，因为父母老了或者很脆弱，所以骗子会找上门。不需要列出本书提到的年长者更有可能被坏人利用的所有原因，关注其中最主要的原因，向父母解释，整个年长者群体都是骗子的首要目标，因为骗子认为这个群体有退休金、养老金、社会保险、储蓄，或者其他资产等收入来源。

提醒父母警惕危险信号

你不能仅仅告诉父母在骗子打电话时挂断电话、把募捐类电子邮件删除、不点击可疑的链接等，就觉得可以高枕无忧了。相反，你要和父母谈谈骗子使用的伎俩，这样在有人试图欺骗父母时，父母自己可以有所察觉。“询问父母，当面对陌生人电话、电子邮件或者上门拜访时，内心是否立即有所警觉。”斯托克斯说，“在我们从小到大的成长过程中，父母教我们不要和陌生人说话。过去父母教会了我们这类伟大的规则，现在，同样也要提醒父母这类规则。”以下列出了父母要注意的危险信号。

- **中大奖要收费：**如果父母接到彩票中奖或抽奖中奖的电话，并要求必须付钱才能领奖，这就是骗局。首先，如果从未参加抽奖或买彩票，怎么可能中奖?！另外，中奖从来不需收费，防欺诈专家斯托克斯说，这是骗子在设圈套。事实上，任何要求转账的信息都是危险信号。
- **来自政府机构的电话：**如果父母接到一个自称是税务局工作人员打来的电话，说父母欠税，这是骗局。类似的，那些自称是社会保障局、联邦医疗保险机构、联邦贸易委员会或其他政府机构的工作人员的来电都是骗局。"有人假装是这些机构的工作人员，来骗取你的个人信息或你的钱。"斯托克斯说。让父母知道政府机构不会打电话给他们，除非他们已经知晓某事，且希望政府工作人员打电话沟通，才有可能接到政府机构的电话。同样，政府机构也不会发送电子邮件。政府机构只有在你先打过电话，并且已经沟通或者留言要求回电的情况下，才有可能根据你的意愿发邮件或回电话以进行沟通。政府机构不会要求你转账付款。[7]
- **孙辈的紧急电话：**如果很清楚，的确是孙辈打来的，那不属于危险信号。值得提醒父母的是，如果接到声称他们的孙子陷入了困境，急需现金的紧急电话，这可能是个骗局。请父母不要转账汇款。斯托克斯说，如果接到这样的电话，请父母去询问打电话的人一些只有亲孙子或孙女才能回答出的问题。或者可以告诉对方，现在需要换个电话，然后再打回去——打给孙子或孙女，而不是来电者留的电话号码。

- **主动打电话：** 要让父母知道，如果接到一个从未接触过的人或组织的电话，询问他们的私人信息，这是一个很大的危险信号。若父母认为，这可能是一个要求提供信息的正常电话，那么父母可以先挂掉电话，然后查一下相关机构、组织的办公电话，直接打电话联系对方。
- **限时优惠信息：** 提醒父母注意那些号称提供限时的赚钱机会或投资机会的邮件、短信、电话。“这些推荐包含了类似只提供给精挑细选值得的一群人绝佳的投资机会等说法，这都是不合法的。”斯托克斯说。骗子或不道德的中间人，希望人们有这样的感觉，自己很特别，什么都不用做就能迅速获利。
- **高压销售策略：** 让父母了解，如果有人攻击性地或胁迫销售东西给他们，这是危险信号。高压销售策略的目的是迫使人们迅速做出决定，这往往是诈骗标志。[8]
- **免费午餐：** 父母收到免费的午餐或免费的晚餐投资研讨会邮件时，应该提醒父母，这类研讨会是为了招揽客户而举办的推销活动[9]，常常会推销高价、不合情理的甚至是欺诈性投资。销售人员通常会使用高压销售策略。“我们的建议是，没有免费的午餐。”斯托克斯说，“别去。”
- **无风险的高回报投资：** 对父母来说，提供高额回报而没有风险的投资，可能听起来很理想——尤其是正在努力希望增加退休储蓄的时候。但是，要让父母知道，所有的投资都有风险[10]。一般而言，回报越高，承担的风险就越大。

不要只是简单地让父母挂断电话，而要提供拒绝的方法

“现在有很多方法可以让骗子接触到受害者。”斯托克斯说，“不过，骗子最主要的方式还是打电话。”我们不能告诉父母不要接陌生电话，或者一听对方是陌生人就挂断电话。“这不是父母这一辈人的行事风格。”斯托克斯说，“父母这辈人认为不接电话或直接挂掉电话是不礼貌的，他们还担心如果不接，可能会错过一些重要电话。”

所以我们需要帮助父母想出回应的方法，帮助他们消除因放下电话而“心不安”的情绪。斯托克斯说，她让母亲这样回答推销电话和可疑来电者：“我正和布雷迪警官在一起喝下午茶，所以无法接电话。”你也可以告诉父母类似的话，甚至“我正出门”。

还要提醒父母，如果明知对方可疑，就不要和对方在电话里多言。斯托克斯说，电话号码是可以买卖的，诈骗者会查看通话记录，看通话者在线时长有多久。“如果你在电话上和可疑对方通话 5 分钟，只是为了戏弄这个意图诈骗的人，那么这个电话号码会被无数次地买卖，会出现在更多的名单上。所以参与聊天不是一个好主意。”

还有机器人电话，如“如果未来不希望接听，可以按某个号码”，这其实是骗子的圈套。“你按下那个号码，然后你的电话就出现在名单上，骗子知道你的电话是个被标记的电话。”斯托克斯说。所以，我们要提醒父母小心这类诡计。

帮助父母避开电话营销和垃圾电话

在美国，人们可以免费将家庭电话和手机号码登记在国家谢

绝来电登记处（National Do Not Call Registry），以阻止不必要的销售电话。国家谢绝来电登记处并不阻止政治、慈善、调查或收债电话，当然，也不能阻止骗子打进电话——合法的电话销售公司可以打入电话。因为国家谢绝来电登记处无法阻止合法公司打来的电话，需要提醒父母，做完登记后，仍然有可能接到骗子电话。

父母还可以在手机上下载免费移动应用程序来识别和限制垃圾电话，或联系手机服务提供商，了解提供的呼叫阻断服务。[11]

提醒父母警惕无良金融专业人士提供的风险类投资

某人是金融专业人士，并不意味着该人就一定会做出有道德的行为。这就是为什么与父母谈论在接受金融专业人士服务时，了解对方工作的核心利益是非常重要的。大部分金融专业人士——如果不是全部——会声称他们在为客户的最佳利益而努力，可是仅有那些法律规定的受托人，才称得上是真正这样的人。典型的受托人是指那些只收取费用或以费用为基础（费用加佣金）计薪的理财顾问，包括注册投资顾问（RIA）[12]和国际金融理财师[13]。非受托人，如经纪人、保险代理人按销售的产品提取佣金。当然，他们销售产品必须遵守法律法规，必须提出合适的理财建议，但是，法律不要求他们必须把客户的利益放在第一位。你可以通过金融行业监管机构的经纪人信息查询系统，帮父母查验金融专业人士的背景。

无论与父母一起工作的金融专业人士是受托人还是非受托人，都鼓励父母询问一些问题，比如他们拥有哪些金融资质或许可证，是否有相应的禁止性纪律规定，如何获得报酬，以及能否提供支撑材料等。如果金融专业人士不能提供清晰的回答，应该引起警惕。美国退休者协会有一个示例范本，可以提供给你父母，在与金融专业人士会面时，可以使用专业问题，详见网站www.aarp.org/interviewanadvisor。

还要提醒你的父母注意投资欺诈的危险信号：保证高回报而无风险的承诺，专业人士都无法清楚解释的复杂投资技巧，没有注册或者没有证明文件的证券产品等。[14]美国证券交易委员会在www.investor.gov/seniors上提供了有关老年人的投资以及如何避免欺诈的详细信息。

帮助父母监控他们的金融账户

父母如果还没有设置“在线访问”，建议他们为所有的金融账户设置“在线访问”。父母可能会犹豫，因为他们认为这是有风险的。事实是，如果没有“在线访问”，账户风险更大。“当你拥有在线访问时，你可以经常看到那些账户里发生了什么，并且识别欺诈。”斯托克斯说，“如果你不设置在线访问账户，骗子有潜在的可能在线访问你的账户。”

美国退休者协会已经收到了类似的欺诈报告，由于受害人没有建立社会保险在线账户，骗子利用成年人的个人信息创建了在线账户，然后更换银行取款密码，窃取存款。你可以帮助父母登录网站设置一个“我的社会保险”在线访问账户。这不仅可以防止骗子以你父母的名字设置账户，也会方便父母密切关注账户，随时查看还没有领取的社保余额。

一定要提醒父母为在线账户设置不同的强密码，强密码由大小写字母、数字、符号组合而成。可以创建一个密码列表（并将其保存到安全的地方），或者使用在线密码管理程序为用户生成强密码。

鼓励父母在银行设置信用卡账户变动提醒（或帮助父母设置提醒）。大多数金融机构都为账户持有人开通了短信提示或电子邮件提示，当账户发生变化时，就会发出提示通知。比如，父母看到提示有交易发生的通知，事实上父母本人并未用卡时，这些提示通知将帮助父母识别欺诈。登录网上银行为信用卡账户设置短信提示只需要几分钟。

帮助父母检查他们的信用报告

父母有可能已经成为欺诈犯罪的受害者，而毫不自知。有一种方法可以进行核查：让父母检查信用报告，信用报告会显示所有以父母的名义使用的信用额度。如果父母身份被盗，那么信用报告里会出现他们从未办理过的贷款。

你可以主动帮助父母获取他们的报告，并检查是否有冒名开立的账户，以及账户金额是否与实际不符。

如果父母发现了可疑的账户，告诉他们联系信用管理部门，将信用报告上显示的电话号码提供给信用管理部门的防诈骗部门，以帮助该部门了解来龙去脉。父母还需要联系债权人，让对方知道自己的名字被冒名使用，发生了骗贷事件，同时向当地法律部门报告自己的身份被窃取一事。

父母应该保留一份警察立案的复印件，以备在核查涉嫌欺诈账户时使用。父母还应该冻结信用机构的授信，以防止骗子继续用自己的名字开立新账户。

向父母提供资源

许多网络资源都提供有关年长者如何保护自己的信息，以防财务欺诈。你可以告诉父母这些资源，如果父母不习惯使用互联网，为父母打印这些信息。

发现受害迹象

因为年长者并不总是能意识到自己被骗，或者羞于承认，所以子女需要留意观察父母是否有被财务欺诈的迹象。

可以通过打探情况来寻找线索，如果发现父母已经受骗，则需要准备好介入。丽塔得知母亲被骗后，她不得不参与整个事件，帮助母亲要回钱款。她和母亲谈了很多关于免受骗子伤害的方法，母亲逐渐意识到有人试图用老把戏骗她。“我们告诉孩子们不要和陌生人说话，”丽塔说，“我们需要对父母做同样的事情。我们需要保护我们父母的安全。”

绷紧这根弦，观察那些父母可能遭到财务欺诈的危险信号。

- **改变消费模式**。如果父母曾经现金充裕，现在却在谈论如何勉强度日，这可能是没有为退休做好计划，现在正在努力实现收支平衡。这也可能是父母因受骗失去一大笔钱的信号。
- **在电话上提供个人信息**。看望父母，或是和父母在一起时，要注意他们打电话分享信息的情况。如果父母接打电话时，报出个人信息，比如生日、社保号、信用卡号之类的，他们很可能已成为骗局的受害者。

- **父母邮箱里有很多抽奖表格和捐款请求**。如果父母的邮箱中收到很多抽奖表格和捐款请求类信件，那么他们可能因为过去参与抽奖或捐赠，被加入邮件列表——这意味着募捐活动还会继续。建议父母去直邮组织，设置只接收合法的直接邮件，然后把不在合法名单中的报名表、捐款请求等垃圾邮件删除。你也可以帮助父母搜索合法的慈善机构，列出父母希望帮助的组织，然后可以制订捐赠计划。
- **来自陌生贷款人的催收通知或账单**。不要忽视父母提及的收到了并未开立账户的账单、欠费催收通知之类的事情。这也许意味着父母的身份信息被窃取了，且骗子以父母的名义开了户。
- **不必要的家庭修理**。最近父母总是在对家里进行这样或那样的修补，而事实上，物品状况良好，修理根本没有必要，那可能意味着父母被承包商骗了。
- **不必要的医疗设备或测试**。如果相对健康的父母开始接受大量的医学检查，使用并不必要的医疗设备，这也可能是医疗欺诈的标志。根据联邦调查局的说法，骗子会免费提供医疗检查及用品，换取病人的健康保险信息——然后盗取，进行欺骗性的使用。
- **听起来好得令人难以置信的投资**。如果父母开始谈论他们最近的新投资，保证价值翻倍，绝对没有风险，你一定要求他们提供更多细节。父母有可能是被骗买了一些欺诈性投资品，在父母失去更多的钱之前，可能需要帮助才能脱身。

- **父母生活中的新朋友**。如果父母已是孤身一人，你可能会很高兴他/她遇到某人，不再独自坐在家里。但是如果父母开始告诉你，他/她的新朋友提出了经济援助的要求，或做了其他听起来可疑的事情，他/她可能是一个“心上人骗局”的受害者。

如果你怀疑父母被诈骗了，请不要责怪他们，那样只能使情况变得更糟。“因电话诈骗遭受损失，和被盗窃有什么不同呢？他们都是受害者，都被做坏事的人伤害了。”斯托克斯说，“而这不是受害者的错。”

相反，你应该主动帮助父母弥补损失，通过报案、冻结银行卡、联系银行和债权人、挂失信用卡、更改账户密码等，来避免进一步的经济损失。如果父母的证件被偷了，要及时补办新的证件。

如何保护罹患阿尔茨海默病的父母免受欺诈

如果父母已经患有阿尔茨海默病或健康出状况影响了分析判断能力，你不能只是警告他们。你必须在降低父母遭受诈骗的风险中扮演积极的角色，以防父母成为骗局的受害者。因为父母无法记得你的提醒。即使父母记得，他们也可能因为认知能力下降而无法采取行动。

我目睹了在母亲身上发生过的事。在母亲患上阿尔茨海默病的早期阶段，她仍然独自生活，她每天会收到很多捐款请求和抽奖登记表格。他们向母亲要钱，母亲答应了很多组织的请求。我记得其中的一个，它实际上每个月都发送捐款请求。那是南达科他州的一所寄宿学校，名字和母亲所在的肯塔基州的天主教幼儿园相似，母亲与南达科他州的学校没有任何关系，可能只是混淆了类似的名字——却促使母亲回复所有的捐款请求。

我介入了，每天查看母亲的邮件，拦截所有捐款请求和抽奖表格。我把支票簿留给她，这样母亲仍可以付账（她没有使用借记卡）。不过，我把母亲的信用卡拿走了，这样母亲就不能通过电话把信息传出去。我也为母亲建立了网上银行，这样可以监控母亲的账户，以确保她没有开支票给骗子。

尽管如此，这些努力还不足以保护她。有一次，母亲差点被电话诈骗骗走几百美元，骗子告诉母亲，因为母亲赢得了抽奖，需要汇钱来领取奖品。母亲询问她叔叔该如何电汇，叔叔立刻明白这是一个骗局，打电话告诉我发生了什么。我冲去母亲家里，发现母亲正和那个骗子打电话。我问母亲，能不能让我和那个人谈谈，然后我告诉骗子不要再打电话。当然，对方肯定会再次打电话。尽管我尝试过向母亲解释发生了什么事，可是，母亲相信她中了头彩，需要寄钱取得奖金，此时的母亲毫无理智可言。所以当天我和母亲待在一起，拦截电话。最后，骗子停止了打电话。

这件事给我敲响了警钟。我意识到母亲不能再一个人待着了，如果那样，母亲迟早会成为一个受害者。我不能冒险让骗子骗走母亲所有的钱。所以我雇了一个人每天陪她。母亲的阿尔茨海默病不断恶化，后来我把母亲接过来和我一起住，以便更密切地关注母亲，及时帮助她。在接下来的两章，我将告诉你，如何和父母谈长期护理，以及何时该让父母搬家。

12 在父母健康的时候，谈谈老后的长期护理

与父母谈论长期护理（或长期照护），可能是最困难的对话之一。

事实上，没有任何一个人愿意去想未来有一天要靠别人来照顾，也难以忍受最后要住进养老院的现实。全美退休研究所 2018 年的一项调查发现，56% 的受访者宁愿死也不愿住进养老院。[1]

然而，在这里我要说的是，你应该和父母谈谈他们可能会发现比死亡更焦心的事情。为什么这么说？因为经验告诉我们，长期护理真的值得妥善安排。长期护理的规划需要趁早，越早做预案，越有利。

因为这样一来，我们才更容易将情绪置于谈话之外。在真正需要长期护理之前，和父母谈论它，我们是在假设性地讨论"如果发生了什么事，您有什么计划"。当母亲已经失忆或者父亲患了中风，需要 24 小时护理，谈话就不再是"如果发生这种情况"，而转换成"我们将如何处理"。这时，每个人都处于高压状态，进行理性讨论的机会很可能已经没有了。

我知道你在想：为什么要谈论一些可能永远不会发生的事情呢？让我列举一些事实和数据供参考：

- 大约 70% 的 65 岁及以上的成年人在某个时刻需要长期护理。[2]
- 长期护理的平均时间是 3.9 年。[3]
- 相比男性，女性可能需要更久的长期护理。数据表明，男性平均护理时间为 3.2 年，女性为 4.4 年。[4]
- 有超过 1/4 的美国人在 65 岁之后就需要长期护理，长期护理费用至少为 10 万美元，其中 15% 会超过 25 万美元。[5]
- 医疗保险不支付大多数长期护理服务费——医疗保险通常只是覆盖在医院治疗后的短期护理。[6]

正如你所看到的，父母可能需要长期护理的概率非常高。而长期护理费用相当高。根据 Genworth 2018 年的护理费用调查，专业护理的费用可能从雇请专业家庭健康护理员的每月 4 000 美元，到住在专业护理机构获得护理的每月超过 8 000 美元不等。[7] 问题是大多数美国人并没有准备好为此买单。

社会医疗保险通常不覆盖长期护理，健康保险也不包括。[8] 有保险公司提供长期护理保险险种，不过数据显示，只有 11% 的美国成年人拥有长期护理保险。[9]

因此，大多数人需要长期护理时，最终只得依靠家人或朋友的帮助。这意味着**你有可能就是父母的长期护理依靠**。

所以，在你说“我当然会帮忙照顾我的父母”之前，需要了解这句话所包含的意义。

首先，护理可能是一份全职工作。我是从我自己的经历知道这一点的，我母亲得了阿尔茨海默病后，护理母亲是一份需要全心投入的工作。Press-NORC 公共事务研究中心[10]的一份研究也发现，大约 1/4 的看护者每周提供护理的时间相当于一份全职工作的时间。还有更多的数据表明，照顾他人到底意味着什么：

- 80% 的护理者自掏腰包支付护理费用，13% 的人每月花费 500 美元或更多。
- 43% 的护理者不得不动用自己的积蓄，23% 的人减少了退休存款。
- 39% 的护理者有健康问题，40% 的护理者认为从事护理工作后，很难管理好自己的健康状况。

简而言之，护理工作会让你付出沉重的财务和健康代价。

如果你有自己的孩子，你也需要考虑，照顾你父母对他们产生的不利连锁反应。分享这些数据不是为了吓唬你——好吧，说实话，你感到震惊吗？我希望你拿事实作武器，与父母分享规划长期护理的必要性。这些事实也可以让你思考：父母需要长期照护时，你自己愿意和能够提供多少帮助给他们。

什么是长期护理

长期护理的标准定义[11]是帮助人们进行日常生活基本活动的

服务，包括洗澡、穿衣、吃饭、上厕所、服用药物、购物和管理财务。需要长期护理的人通常有身体残疾或患有慢性疾病，需要日常生活照顾。这种护理可以由家人、朋友或家庭健康护理员在家提供，也可以通过社区服务和辅助生活机构提供，或者入住提供专业护理的养老院获得。

在患了阿尔茨海默病的早期，我母亲并不需要任何帮助。她的失忆并没有影响她的能力，母亲能够照顾好自己的生活，管理好财务。当病情开始变得越来越重时，母亲记忆已有困难，我把车钥匙从她身边拿走，雇了一个人帮她开车。并且，我开始密切关注母亲的财务状况，监控她的邮箱中是否有抽奖表格或无关的团体捐款清单，我需要在线实时监控母亲的银行账户。

几年之后，母亲的生活变得更加艰难，为了给她做饭和方便照顾，我把母亲接到我家里，和我住在一起。我给她每天服用药物，带她去看医生，确保她吃了为她准备的早餐和晚餐。在我白天去工作的时候，我还雇了一名家庭健康护理员——按小时计酬——帮助她。如果我和家人去旅行，我们会带上母亲一起，或者安排全职护理员照顾她。

渐渐地，在家里照顾母亲变得越来越困难，我家里有三个年幼的孩子需要我照顾。但孩子们看到的却是疲惫不堪、压力巨大，被工作、家务搞得焦头烂额，需要照顾外婆的妈妈。

更大的问题是，我觉得母亲不安全，我怕她会离开家走失。母亲住在我家套房的一个独立房间里，有独立的门。当然，我不能锁门，她的房间门是通到外面的，她可以自由出入。这意味着当她决定出去走一走，是有可能迷路无法回家的。另外，她的独立房间在二楼——这意味着她有摔倒在楼梯上的危险。

我跟母亲说，需要找一个安全、有全天候护理的住处，但她会在5分钟内忘记我们的谈话。所以，我最后去探访记忆照护中心，并为她选择了一家。

我们没有在母亲患阿尔茨海默病之前和她沟通愿不愿意接受这样的护理方式，所以，我不得不为母亲做出这个决定，而这让我非常难受。然而，好消息是，把母亲转移到一个可以提供护理的机构，比当初把她从她自己家里接到我家里要容易得多（我将在下一章加以描述），也不会感情用事。她只是简单地说："我现在住在这里。"我回答说："是的。"母亲马上安顿下来，开始结交朋友。

我母亲是一个喜欢社交的人，所以过集体生活对她很好。从她搬进护理机构到现在已经6年了，而她仍然尽自己所能和其他居民一起参加日常活动。当我和她在一起的时候，我做回了妈妈的女儿，而不是作为护理者承受压力。在护理机构，有助手帮她洗澡、穿衣、吃饭、使用厕所。如果你要照顾父母，这些都是你可能需要做的事情（是的，男士们，你可能需要给你母亲洗澡）。

这种护理的费用很高，6年超过了30万美元。她每月的社会保险收入大约能覆盖一半的费用。因为我母亲没有长期护理保单，所以我动用了母亲的退休储蓄。这笔储蓄来自她卖掉的房子和她从她父母那里继承来的一笔钱。这一切需要非常仔细的计划，以确保母亲的钱能更久地维持对她的照护。

选择护理方式

如果父母需要照顾，有几种选择。

在选择护理方式之前，理解和研究护理方式是很重要的，因为这将帮助你和父母找出答案，什么是负担得起的，什么将满足他或她的需要。不要认为提供护理只有一种方式。父母也许能先在自己家里接受照顾，当需要更高级别的护理时，再搬到一个养老机构。

在权衡护理方案时，考虑家庭的价值观也很重要。许多文化都认为家庭应该照顾长辈。这可能意味着你需要尽早采取措施来规划自己的财务状况，做一些调整（比如搬到一个能容纳你父母的房子），以便你能成为护理者。

你也可以考虑聘请一名老年护理师——也被称为老年生活护理专业人士——他能帮你父母评估住房的选择，协调护理并协助处理财务问题，如申请保险索赔。聘请老年护理师一起工作，最大的好处就是，专业第三方可以协助你与父母进行关于长期护理的艰难对话。

家庭护理

正如我提到的，如果房子符合父母的需求，大多数父母喜欢待在自己的家里，需要护理照顾时，寻找朋友、家庭成员或专业人士来提供照顾。专业的家庭护理服务范围，包括从基础的对个人生活给予协助，照料日常生活活动，如穿衣、洗澡、做饭，到护士级护理员提供医疗服务。根据 Genworth 2018 年的护理费用调查，家庭护理的费用平均每小时是 22 美元。[12]

你可以通过互联网（在美国可通过 Caring. com 网站）查找附近的家庭护理服务或通过当地的老龄部门了解相关家庭护理机构的信息。如果父母住在农村，可能不会有家庭护理服务机构。在这种情况下，你可能需要联系你的朋友、父母的朋友、邻居等，得到该地区护理人员的资讯。

不过，当父母体能衰弱或认知能力下降，且你居住的房屋设计并不适合时，家庭护理将不是最好的选择。

例如，黛布拉·纽曼①有一对客户，是夫妇俩，他们住在一间有螺旋步行楼梯的房子里。每天早晨，妻子帮丈夫起床穿衣，在丈夫走路和下楼梯的时候，妻子拉住他的皮带以防他摔倒。到了晚上，丈夫需要妻子用力搀扶以便上楼去。这对两个人来说都不安全。纽曼说，这对夫妇真的需要帮助。

成人日托

这是一项以社区为基础，费用可负担的替代家庭照护的服务项目。美国老年护理服务中心创始人，拥有 30 多年护理经验的琳达·福德里尼-约翰逊[14]说，当长者有护理需要，家人又无法辞职进行全职家庭护理时，她经常会推荐他们去成人日托中心。

成人日托可以是独立的中心，也可以是与老年中心、教堂或医院联合的形式，为客户提供交通、社交、餐饮和其他支持服务。在美国，你可以通过以下途径找到成人日托服务，搜索全美

---

① 纽曼长期照护公司创始人兼首席执行官[13]，纽曼长期照护公司是美国最大的长期护理保险经纪公司之一。

成人日托协会数据库（www.nadsa.org），联系你所在地区老龄部门或成人日托机构。根据 Genworth 2018 年的护理费用调查，成人日托服务的月平均费用为 1 560 美元。

辅助生活

辅助生活机构可以为长者提供 24 小时日常生活活动帮助服务，如洗澡、穿衣、做饭。这类机构无法提供专业健康保健护理，不过可能有专职护士。典型的辅助生活机构通常提供私人或半私人的房间（共享的房间，花费更少），向长者提供日常活动甚至郊游服务，供长者参与。根据 Genworth 2018 年的护理费用调查，辅助生活服务月平均费用是 4 000 美元。

记忆照护

提供专门照顾失去记忆力长者的辅助生活设施。像传统的辅助生活护理一样，记忆照护也提供日常生活照料服务。区别在于，后者有安全设施以防止长者外出走失，并能提供专门针对阿尔茨海默病患者和其他认知障碍的护理。有的辅助生活机构有记忆照护公寓。如果父母需要这种照顾，找到有专职护士的记忆照护机构，或与医疗服务提供商签订合同，以方便为失智的父母提供医疗护理。如此一来可以让患有阿尔茨海默病的长者在照护中心熟悉的环境中接受常见小病的治疗，而无需离开中心去医院治疗。对他们来说，离开熟悉的环境可能会给他们造成极大的困惑甚至是精神创伤。

Genworth 的护理费用调查没有提供记忆照护的平均费用水平，不过其往往高于辅助生活服务，低于专业护理服务。[15]

专业护理

持许可证的专业保健护理中心①提供24小时医疗服务，如果父母因处于阿尔茨海默病后期或其他医疗情况已无法独立生活，那么适合前往专业护理中心。专业护理中心有专业人员提供服务，包括注册护士、注册护士助理，还有物理、语言和职业治疗师等[16]，提供比辅助生活机构更高层次的护理服务。医疗补助包括专业保健护理医疗保险，但医疗保险只覆盖治疗后的短期住院康复。根据Genworth 2018年的护理费用调查，专业护理中心每月平均费用为7 441美元（半私人房）和8 365美元（私人房）。[17]

共济会

共济会（Freemasons）的兄弟组织在美国各地社区都有养老机构，提供不同程度的护理，包括在家护理。[18]许多是对公众开放的，包括有条件的开放和其他形式的开放。有些机构不论需求者支付能力如何，都会提供护理服务。[19]有些机构为那些把大部分财产捐给共济会的居民服务，在居民的有生之年照顾他们——即使所捐资产无法覆盖全部医疗费用，共济会也会提供这样的服务。[20]关于共济会服务，你可搜索所在城市或州的“共济会之家”（Masonic home）。

① 通常指疗养院（nursing home），由医护人员组成，在一定范围内为长期卧床患者、晚期姑息治疗患者、慢性病患者、生活需照顾的老龄者和其他需要长期护理者提供医疗护理、康复促进、临终关怀等服务的医疗机构。——译者注

如何承担居家或护理机构的长期护理费用

虽然长期护理费用高昂，我们还是有办法抵御这种高昂费用的冲击，但这需要计划——这就是为什么我坚持告诉你，需要早点和父母谈谈，询问他们是否有规划。如果没有，就制定一个。以下是我们需要知道的如何规划长期护理费用的方法。

长期护理保险

我第一次和母亲谈关于金钱的话题，就是长期护理保险。在母亲被诊断为阿尔茨海默病之前，我建议她考虑一下长期护理保险。我告诉她应该考虑买这个，因为它可以帮助支付医疗费用，她需要它。母亲接受了我的建议，去见了保险代理人，但不幸的是，因为母亲患有另一种疾病被拒绝承保。如果我够机敏，我应当利用那次机会讨论她的养老资金规划并制订行动方案，以防万一，但是我错失了机会。

如果我母亲可以购买长期护理保险，它将能支付专业护理中心、辅助生活机构，或在自己家里——这是大多数人喜欢的地方，得到照顾所需的花费。广为流传的说法是，长期护理保险大多数人付不起。纽曼说，实际上，长期护理保险对大多数人来说都是付得起的。

需要明确的是，长期护理保险确实不便宜，但我们越年轻，购买长期护理保险越经济实惠。

例如，纽曼说，55 岁的夫妇一起购买长期护理保险可以得到每个人每月 125 美元的保险赔偿。“我觉得这个价格还算合理。”

她说，“尤其是当你考虑到家庭护理的月平均费用约为 4 000 美元，而专业护理服务每月超过 8 000 美元。”“如果父母都 60 多岁了，身体还很健康，他们可以得到一份保费相对不高的保单。”纽曼说。如果他们已经 70 多岁了，或者有健康问题，请继续读下面其他可能更好的选择，因为他们没有资格获得长期护理保险了。

购买长期护理保险，需要考虑 4 个关键问题：

- **以今日货币计价，父母每月需要多少花费？**要想计算出需要覆盖多少花销，纽曼建议，需要研究一下你居住区域的家庭护理费用。因为大多数人是在家里得到长期照顾的，父母会想要一个可以弥补这种全部开销（或大部分开销）的返还金额吗？
- **父母希望保险返还持续期有多久？**过去，终身持续返还的保险十分普遍，但现在更多的保险公司倾向于在规定年限内返还，而非终身返还。纽曼说，长期护理保险索赔的平均期限为三年。最大收益将根据你想要的每月福利和持续年数计算。比如，每月 5 000 美元的保险返还，4 年的受益期最多可提供 24 万美元，用于长期保险护理费用。
- **父母希望的等待期有多长？**长期护理保险的免赔期限称为剔除期或等待期。这是保单持有人在保险覆盖范围生效之前需要等待的天数，这段时间，医疗费用需自掏腰包。等待期通常为 30 天、60 天或 90 天。选择一个更长的等待期可以降低保险费用。

- **父母需要通胀保护吗？** 正如大多数其他商品和服务的成本每年都在增加，长期护理费用也是如此。这就是为什么长期护理保险提供通货膨胀保护条款，是用以确保随着护理费用的增加，收益可同步增加。通胀保护是重要的，不过，通胀保护也使保费更贵。大多数人选择 3% 的通胀保护，纽曼说，如果选择 1% 的通胀保护条款，保费成本将降低 30%。

还有其他几种方法可以节省长期护理保险的费用。例如，共享护理附加条款将实现夫妻互保，比分成两个独立的个体投保成本更低。比如说，一对夫妇将可享有 8 年的被保险期限，而非两人分别享有为期 4 年的被保险期限，如果一方比另一方需要更久的照护，这也是一个加分项。保险公司还向健康个体提供折扣 10% 或更多的优惠。[21] 纽曼说，在美国大多数州都有税收优惠政策，以鼓励人们购买长期护理保险。如果保费超过纳税人调整后总收入的一定比例，也可以作为医疗费用，从联邦纳税申报单上扣除。[22] 自雇者可以把长期护理保险作为费用抵扣。有些雇主也可为雇员提供长期护理保险。

另外，想要以合适的价格买到合适的保险，最好的办法之一就是与保险经纪人联系，帮你比较不同保险机构的保险方案。

有长期护理条款的人寿保险

如果父母认为根本用不着长期护理，所以不倾向于购买长期护理保险，另一个选择是混合人寿保险。这些保单可以包括长期护理的保险利益。如果从未使用长期护理，可转换成寿险额度等保险利益。混合人寿保险可以趸缴，也可以每月支付保费。这些保单往往比传统的长期护理保单更贵，因为它们也提供寿险额度，纽曼说。此外，保费不能抵税。所以如果父母不愿购买人寿保单，他们最好选择传统的长期护理保单。

年金

如果父母由于年龄或健康问题失去获得长期护理保单的资格，可以考虑选择年金——前提是父母备有一笔大额现金积蓄，可用于购买年金。年金可以用一次性趸缴的方法换取有保证的一定期限内的稳定的现金流收入。如果父母已经有了年金，纽曼说，它可以转换为长期护理年金。如果年金有长期护理保险利益，年金支付的金额将超过投资金额。例如，你有 10 万美元的年金，你可能会得到 20 万美元的长期护理保险，纽曼说，父母即使不需要长期护理开支，仍然可以拥有年金。另一种提供长期护理的年金方式是医疗上承保的即期年金（immediate annuity）。典型的年金是基于人的预期寿命，与人的生命等长的月供现金流。医疗上承保的即期年金对于患有阿尔茨海默病或类似疾病的人来说是理想的，因为他们的预期寿命缩短，纽曼说，月支付的现金流则会增多。

医疗补助

这项政府支持的项目实际上是美国国内最好的长期护理费用的支付者。[23] 医疗补助可以支付专业护理和在家护理的费用，[24] 但它通常不包括辅助生活机构的护理服务费。在一些州，医疗补助甚至会支付给家庭护理人员费用。[25]需要注意的是，父母的收入和资产必须达到低收入标准，才有资格获得医疗补助。

要了解父母是否有资格获得长期护理的医疗补助，请与当地社区医疗机构服务办公室联系。如果父母需要家庭护理等，办公室会帮助做一个评估来确定你的父母有资格获得多少个小时的照顾护理，琳达·福德里尼-约翰逊说："这要么打开了一扇门，要么关上了一扇门。"她说，也许你认为父母的收入较高，没有资格申请医疗补助，不过，你父母可能仍有权利得到若干小时的医疗补助覆盖费用补贴，所以至少申请一下看看。

退伍军人福利

如果符合美国退伍军人事务部相关残疾照护规定，你父母可以得到在家照护等相关服务。[26]如果父母有长期的护理需要，却没有得到服务，他或她可争取退伍军人事务部的援助计划[27]，该计划会增加每月的养老金用以支付退伍军人及其家属的家庭护理费用[28]，或申请退伍军人专项补助[29]，该补助可提供不定额的家庭照护和社区医疗补助。

反向房屋抵押贷款

父母可以使用他们的房屋净值与反向抵押贷款支付长期护理费用。在美国，62岁及以上拥有自己房产或是已经还清了大部分贷款的成年人，可申请反向抵押贷款（也称为房屋贷款权益转换抵押），用房产价值获取权益。[30]反向抵押贷款可以一次性发放，或按月发放，或作为信用额度。[31]需要说明的是，反向抵押贷款是一种必须偿还的贷款。屋主仍住在房屋内时，无须偿还贷款，但当房子被出售或者房主搬走或是去世，须偿还贷款。不过，由于利息的增加，每月贷款余额会随着时间的推移而增加。[32] 如果房产价值高于贷款，则借款人无需偿还高出的部分[33]；若房子被卖掉后抵扣贷款，没有任何剩余资产，则意味着出售房屋没有利润。另外，要注意反向抵押贷款有几个相关费用：发起费用、抵押贷款保险费和结算费用。一项由消费者金融保护局所做的调查显示，反向抵押贷款是一款复杂的金融产品，理解难度高，欺骗性营销很常见。[34] 所以父母应该仔细考虑这个选择。更好的办法是，他们应该和理财规划师一起测算下，用反向抵押贷款支付长期护理费用是否真的可行。

自费

据统计，大多数需要长期护理的人是依靠无薪看护人的帮助，[35] 这意味着朋友和家人会照顾他们。如果你父母没有长期护理保单（或混合人寿保单），不符合政府医疗补助福利要求，又没有足够的存款或其他经济来源，他们很有可能将不得不依靠你来照顾。

我们的父母可能已经充分考虑过在他们的退休计划中长期护理费用的来源构成。如果你是他们的授权委托书指定的受托人并需要负责处理他们的护理费支付，你需要和父母讨论他们拥有的资源以及你如何获取这些资源，必要时，监督管理他们的医疗费用。根据父母账户的类型，从这些账户中提款可能会被征收不同的税。记住这点很重要，因为税收会减少可支付父母医疗费用的资金。

例如，从退休计划 401（k）、403（b）、IRA 和 SEP IRA 中提

款需缴纳个人所得税。如果账户持有人在 59.5 岁之前从账户中提款，将会受到额外 10% 的提前提款罚款。[36] 还有一个管理规定是，账户持有人必须在 70.5 岁之前，从账户里提取最低分配额度，如果没有，将按照未提取金额的 50% 征税。[37] 所以，你既不能过早从这些账户中提取款项用于长期护理，也不能过晚才开始使用这些资金，以免因为没有达到规定的最低限度而遭受严厉惩罚。所以，对你和父母来说，若能与会计师或理财规划师一起讨论制订退休金提取方案，用来支付父母的长期护理费用，将是个好主意。

如何回应父母的期望

正如前面所说，谈论长期护理是很困难的。不过，聚焦财务话题可能会让谈话变得更容易。

这就是为什么问父母是否拥有长期护理保单是一个可行的方法。你可以说读了一篇关于长期护理保单的文章，并且很好奇自己的父母是否拥有它，是否应该拥有它（记住，向父母征求意见是让他们开口的好方法）。或者你可以讲一个认识的朋友长期护理费用有多昂贵的故事（你可以用我母亲的故事），并询问他们，如果万一需要的话，是否有支付长期护理医疗费用的计划。当然，父母很有可能因为不想成为你的负担，并希望拥有不依赖你的护理规划而敞开心扉与你讨论这个问题。

然而，如果父母推托，不想讨论这个话题，以下是若干可能会帮助父母认识到长期护理规划重要性的回应方法。

父母： 这种事不会发生在我身上。

你： 我希望你们永远不需要长期护理。不过，统计数据说，超过 2/3 的 65 岁及以上的退休者会需要长期护理。不怕一万，只怕万一。提前考虑一下，如何准备医疗费用是一个慎重的做法。医疗保险和健康保险无法支付长期护理费用，不过长期护理保单可以。还有一些其他选项。（然后你可以分享我已经在这一章中提供的信息，你也可以分享一个你认识的人的故事——甚至是一个没有准备好长期护理资金的虚拟人物故事。）

父母： 我不用担心长期护理，因为你妈妈 / 爸爸（我老伴）会照顾我的。

你： 我相信您的妻子 / 丈夫 / 伴侣会愿意帮助您。但如果等到你们都 80 多岁，您需要人照顾，而另一半却无法照顾您，该怎么办呢？或者，你们同时都需要人照顾，又或者您的配偶 / 伴侣已经不在了，您该怎么办？因为我有全职工作，还要照顾孩子，可能帮不上忙。我想我们需要想出一个计划，来应对可能发生的最糟糕的情况。

父母： 保险太贵了，我不想买。我不想把钱浪费在我可能不会用到的东西上。

你： 实际上，您知道有那种可以获得税收抵免或扣除的长期护理保险吗？还有其他省钱的方法让长期护理保单更实惠（比如夫妻互保、更长的等待期、在更年轻和健康的时候购买等）。每一件事都需要付出代价，如果人寿保险提供的长期护理是值得的，那么就值得考虑。因为，每月的保险费用比每月的长期护理花费还是要便宜得多。

父母： 无论你做什么，都不要把我送进护理中心。

你： 护理中心不是唯一的选择。如果您有长期护理保单，它会支付在家照护的费用。医疗补助也会支付家庭护理费用。不过有些情况下，待在家里就不再是最佳选择了。比如，可能上下楼梯很不方便，可能您需要专业的医疗护理，而妈妈 / 爸爸或我们（你的孩子）无法提供等情况。我们中没有人想要住在护理中心，可是如果穿衣服、洗澡或者自己去洗手间不再方便，那么从医疗专业人员那里得到帮助和治疗，可能是最好的选择。如果我们现在就开始计划，我们有可能会想出更多办法，尽可能长时间让您安心地住在家中并得到照顾。

当进行这些对话时，记住要尊重父母，理解他们的状态，懂得父母对长期护理的担心。毕竟，也许有一天你也需要长期护理。所以想想，你希望你爱的人如何与你讨论这个敏感的话题。

13 沟通父母的居住问题

我母亲喜欢在她的花园里忙碌。

和我父亲离婚后，母亲搬离他们过去的家，开始自己独居。母亲居住的房子，后院原本基本是空的，只有一个混凝土天井。这些年来，母亲把荒地变成了郁郁葱葱的花园，里面有果树、香草、蔬菜，甚至有葡萄架。当风和日丽的时候，母亲要么在花园里打理，要么在花园里享受与朋友、家人的欢聚时光。

在母亲60多岁罹患阿尔茨海默病后，对母亲而言，修整花园变得困难了。

使用割草机成了母亲的负担，所以，我丈夫开始帮助母亲割草。渐渐地，灌木丛和花坛杂草丛生。母亲也不再种植蔬菜和香草了。

母亲的记忆力衰退得越来越厉害，母亲的花园荒废得也越发严重。

母亲不再关心的，不仅仅是她的花园，她的三居室也成了一个负担。母亲不弄脏房子，不过母亲也不再打扫它。屋子日渐杂乱，东西需要修理。

还有一个更大的问题。我雇了一个人，白天带母亲外出办事，陪她。不过，这位助手不是整天都在，晚上不在——这意味着我母亲很多时候是独自一人，危险无处不在。

我知道母亲喜欢她的房子，但我也知道，母亲不能再单独住在那里了。独居对母亲而言不安全。我们雇不起全职的护理人员，而且可能需要动用母亲自己的财产支付辅助生活费用。所以我告诉母亲："妈妈，您最好搬来和我一起住。"

这是我从来不想碰触的话题，但这是必要的。对你来说，讨论这样的话题也许也是必要的，可能是现在，或是未来某个时间。

是什么让这段对话如此艰难？年长者不想离开他们住过很久的家——即使他们深知自己应该搬家了。2018 年美国退休者协会的一项调查发现，在 50 岁及以上的美国人中，有 76% 的年长者希望随着年龄的增长，可以继续住在现在的房子里。[1] 然而，只有 46% 的人预计他们能够继续住在现在的房子里。

当然，如果父母身体健康，有能力维持他们的家，没有必要强迫父母搬家。随着年龄的增长，当房子无法继续满足父母的需求时，像我母亲这样，搬家就变得有意义。你父母可能需要你的鼓励（而不是唠叨）来做出搬家这一选择。

这里有一些关键迹象，表明你需要跟父母谈谈搬家的事。

当父母的记忆出现了状况

要注意父母有记忆问题的迹象。你可能会发现父母曾经整洁有序的家，现在凌乱不堪，冰箱里塞满了过期或同样的食品，房子周围都张贴着提醒标志。如果父母记不得今天是何年何月何日，或者很快就忘记刚刚聊天说了什么，不要认为这是年老的自然状态，你需要带父母去检查，是否患了阿尔茨海默病。

如果父母已患上阿尔茨海默病，并且独居，那么是时候和父母商量做一个更安全的生活安排了。父 / 母可能走失，可能晚上上厕所时摔倒，可能成为骗子实施财务欺诈的受害者，或者在做饭时烧了屋子（这可不是开玩笑——我母亲差点就这么做了）。家庭成员或雇用助手可以在家里陪父 / 母。但在必要的时候，父母则需要搬去和家人一起住，或是住进辅助生活机构，或是住进护理中心。

当父母健康出现问题

当由于健康因素，父母很难自己照顾屋子，或是生活上出现不安全因素，比如上下楼梯、在浴室洗澡等有困难时，父母需要考虑搬家。

当父母的房子变成经济负担

根据哈佛大学住房研究联合中心、美国退休者协会基金会的研究报告，高昂的房屋维护成本，迫使大约 1/3 的 50 岁及以上的美国成年人支付超过 30% 的家庭收入用于维修房屋。这使得人们不得不削减生活必需品，减少退休储蓄[2]。

根据波士顿学院退休者研究中心的调查[3]，未还清住房抵押贷款的人士，平均比已还清者要工作得更久，并在更大的年龄退休。简而言之，父母的房产可能会影响他们退休的能力。

对父母而言，尽早缩减房产规模，而不是等到退休以后，这在财务上是有意义的。这能帮助父母增加尽早退休的机会，得到他们想要的东西。如果父母已经退休了，房产税、住房贷款、修理费、水电费等会比原先想象的更快消耗退休储蓄。也许是时候让父母知道，搬家可以节省钱，过上更舒适的退休生活。

当父母孤身一人

美国退休者协会的一项调查发现，30% 的年长者认为他们缺少陪伴，感觉被冷落，或感到与他人隔绝[4]。如果你的父母也身处其中，这可能是一个搬家的触发因素。美国国家卫生研究院（National Institutes of Health）的一份报告显示，孤独与很多问题都相关联——从健康风险到认知能力下降，到更高的死亡率[5]。如果父 / 母独自生活，附近又没有朋友或者家人，那么搬到退休社区，和其他同龄者一同居住是有意义的。

如果这些情况适用于你的父母，可以考虑和他们谈搬家的事。当然，这最终取决于父母的决定（除非在极端情况下，父母不再有能力做出决定）。进行富有成效的谈话，说服父母搬家，提高沟通成功概率，你需要稳妥。

强调积极因素

因为父母可能非常依恋他们的家和社区，搬家的想法很可能令他们痛苦。

我知道我母亲不想离开她的房子和花园——尽管母亲可能已经意识到住在家里太困难了。这使我聚焦于搬家的积极方面，而不强调母亲为何不能待在家里的原因。

幸运的是，我住的房子里有两套公寓。我告诉母亲，搬来和我一起住时，母亲还是可以拥有自己的空间，可以随心所欲地装饰它，可以把盆栽植物放在阳台上，天气很好时，可以在户外休闲，可以在我的小院子里帮我，等等。

因为我住在距离市中心广场仅一个街区的地方，母亲可以步行去公园里的餐馆、艺术馆和音乐会（和我一起或和她的助手一起去）。我告诉母亲，我可以帮助她做饭，或者她可以和我的家人一起吃。我告诉母亲，她能花更多的时间和外孙子外孙女们在一起。我告诉母亲，如果她需要任何帮助，我都可以马上过来。

突出搬到我家的所有积极方面，帮我说服了母亲卖掉她的房子。母亲依然很难向她的家说再见。我讨厌自己是说服母亲搬家的人，但这是必须的。这次谈话为我母亲带来了更安全的居住环境。不幸的是，母亲需要更高级别的照护时，不得不再次搬家，去辅助生活机构（我在第 12 章讨论过）。

同样的，如果想增加父母听从搬家建议的机会，你也需要强调搬家的积极方面。避免说任何负面的话，比如“您不能待在原来的房子里”，否则父母会觉得你想要让他们搬离，使他们丧失独立性，这样他们反而会坚持守在老屋。

聚焦搬家的经济好处

即使金钱在你的家庭里是一个禁忌的话题，和父母谈及搬家可以省钱，你也可能很幸运地与父母开启有关财务的对话。毕竟，大多数人都关注省钱的方法。通过指出他们如何压缩生活中的最大成本——住房——你可能会取得一些进展。

迈克·麦格拉思[6]是理财规划师，EP 财富管理咨询公司高级副总裁。他告诫说，不要只演算数字，你可以向他们描绘一幅画面：降低住房成本可以腾出更多的钱，用来买父母喜欢或重要的东西。当麦格拉思看到父母居住了 52 年的约 223 平方米的房子已不再适合他们时，通过这种形象展示的方法，成功说服父母搬家。

麦格拉思的父母都有健康问题，上下楼梯很困难。最重要的是，他们自己已无法维修房屋里的东西。“他们总得请人过来修理东西。”麦格拉思说，“父母还背负着房屋抵押贷款，要偿还为麦格拉思和他妹妹上大学支付学费及生活费的信用卡债务，他们负担沉重。”

所以当父母对房子的问题吐槽时，麦格拉思顺势提及搬家的想法，他帮助父母在网上搜索到一层楼的房子，让父母感觉是他们自己想要搬家。一旦父母习惯了和他谈论房子的事，麦格拉思开始向父母展示如果卖掉房子，将如何还清债务。“这让我父母大开眼界。”麦格拉思说，接着他进一步指出，如果父母能偿清债务，会感到多么的自由。

然而，父母还是过了好长一段时间才开始认真考虑搬家这件事。“他们最终说服了自己。”麦格拉思说，“我父母能感受到，经济上和情感上的自由，比把自己紧拴在一所太大的房子上要重要得多。”

2018 年 3 月，麦格拉思的父母卖掉了房子，开始租住一套只有原来房屋一半面积的公寓。父母通过出售他们的房子偿还了所有的债务，他们无须每月拿出 1 500 美元还债。现在的房租是每月几百美元，麦格拉思说，这比原先房贷的月供要少。出售自己的房屋也给父母带来一大笔钱，他们可以用于紧急开支和生活乐趣——如购买圣诞礼物。麦格拉思说他母亲很喜欢这样做。

由于不再被他们的房子压得喘不过气来，父母现在的生活变得平静了。“这就是你如何定位它。”麦格拉思说，“你必须帮助你的父母了解，如果搬家的话，在经济上可能会更轻松。”

聚焦搬家的社会利益

也许你已经注意到，自从父亲走了之后，母亲现在很孤独；或者，父亲不再经常出去，因为他变得不喜欢开车或乘坐公交；可能你父母都还住在以前的房子里，那个你长大的地方，不过，现在周围的邻居都很年轻。不管是什么原因，你认为父母最好搬到一个有更多同龄人的地方。

但在父母心里，可能认为你想要把他们送到养老院，整日闲坐，整天玩宾果游戏[1]。不要怪父母退缩，因为这一切似乎令人沮

[1] 类似消消乐的一种休闲游戏。——译者注

丧。不过，如果能用词谨慎，描述得当，你也许能说服父母搬到一个适合他们年龄的地方居住。

退休社区实际上更时髦、更有趣。真的，你可以去玛格丽塔维尔（Latitude Margaritaville），一个灵感来自吉米·巴菲特音乐的退休社区，在佛罗里达州和南卡罗来纳州都有分支机构[7]。事实上，有很多这类所谓的活跃年长者社区，提供各种各样的娱乐活动[8]和便利设施[9]，从高尔夫球到水上活动，再到社交活动。让父母知晓，有很多地方让人喜爱，堪称“家”，周围都是同龄的人，有足够的社交机会。

当然，除了退休社区，还有让父母保持社交活动的其他机会。从农村搬到城市可以带来更便捷的公共交通和更多的娱乐选择。从一个独栋房子搬到一座公寓，可以给父母更多的机会与他人互动。或者你可以建议父母搬到离你（如果你愿意与父母住得近的话）或其他家庭成员更近的地方。

甚至辅助生活机构等也可以帮助身体或精神衰退的年长者免于孤独。在我母亲的记忆照护中心，工作人员让入住者们每天都忙着活动、锻炼和集体用餐。你要指出问题的关键在于，父母搬到正确的地方，能真正享受更多美好生活。

聚焦长期效益

正如本书第12章中所述，父或母一方——或是父母双方——在出现某个特定状态后需要长期护理。

从我自身的经验看，考虑长期护理的必要性并提前做预案，比坐等发生意外才慌忙应对要好很多。当我母亲需要搬到一个辅助生活机构时，我帮母亲挑选了一家。我觉得自己做出了正确的选择。不过，如果我能提早和母亲讨论，万一罹患阿尔茨海默病需要长期护理，她希望去哪种地方之类的话题，事情就会容易多了。

若父母经济条件能负担得起，可以搬入持续护理退休社区（Continuing Care Retirement Communities，简写为 CCRC），让老年人在适当的地方变老——从独立生活到辅助生活和专业护理服务。根据老年生活服务中介机构母亲之家（A Place for Mom）的说法，持续护理退休社区通常要求，年长者在入住时能独立生活。[10]

入住 CCRCs 需要支付 10 万美元到 100 万美元不等。[11] 但如果你最终需要辅助生活服务或专业护理，则不需额外付费，这个费用已经包含在持续护理退休社区的一揽子服务中了。这样就无须为解决长期护理而劳神。

让父母知道有这样的方案可选，也许可以促使他们考虑搬家的好处。父母可能会意识到搬入持续护理退休社区——或是必要时接受辅助生活服务——有助于减轻你的负担。

有耐心和爱心

你也许已经意识到是时候让父母搬家了，可是，父母可能不想离开已经住了几十年的家。

这时，你需要有耐心，给父母一些时间去接受、去理解搬家可以生活得更好。尽管麦格拉思知道，是时候让父母搬家了，这可以缓解情绪上的紧张，释放经济上的压力，但他仍然不想催促，因为麦格拉思知道，父母依恋他们的房子。"这些情感比房子本身更重要。"他说。从麦格拉思开始鼓励父母搬家到实际完成，整个过程花了几年的时间。

当父母决定卖掉房子搬进公寓时，麦格拉思主动提出希望父母能与自己一家人同住。他的母亲对此很开心，但他的父亲婉拒了。尽管如此，麦格拉斯还是在自己的房子里增加了一个单元，这样自己的父母或妻子的父母都可以住在那里。麦格拉思希望当父母的公寓租约到期时，他们可以搬入他的家，与自己和家人同住。但他没有强迫父母做出决定。相反，他让父母知道："如果房子真的适合你们，那就太好了。"

我的朋友伊丽莎白认为父亲去世后，母亲最好住在退休社区，可以和其他同龄人在一起，也不必为维护她的房子操心。但伊丽莎白承认，她没有很好地解释退休社区的好处（记住，使用正确的措辞很重要），结果，母亲说："我还没进坟墓呢。"在母亲心里，认为女儿是想把她送进养老院。

伊丽莎白谈道，她尽力推动母亲搬家，但母亲十分抗拒。"我的工作做得不够好，我试着解释给母亲听，可我强调（搬到退休社区的）独立性以及好处不够充分。母亲不听，不理会。"

伊丽莎白的兄弟们对此毫无助益。她的一个兄弟告诉母亲，他不赞成母亲卖掉住了 58 年的房子，因为他对房子有感情。她的另一个兄弟则劝说母亲住到离他比较近的地方，也不想让母亲搬进退休社区。正如本书第5章所述，当他们的父亲去世后，这兄妹三人没能就如何安排母亲的最佳住处达成一致就去和母亲谈论她的生活。最后，伊丽莎白的母亲在一个儿子所住的城市买了一栋房子，靠近孩子居住。

"现在她住在自己的房子里，因为孤独，感觉很痛苦。"伊丽莎白说。另外，母亲感受到了维护这所房子是很不容易的，她的儿子们没能帮助她，而她又雇不起人来做这项工作。

事实上，伊丽莎白的母亲搬家不到两年，就意识到买这个房子是个错误——她向伊丽莎白承认了这一点。

"母亲说，她现在明白我当初为什么建议她去退休社区了。"伊丽莎白说，"我最初推动了此事，但后来退缩了。可是，现在我母亲来找我了。"不过，伊丽莎白告诉母亲不应该着急再搬家，"现在不是做这件事的时机，让我们等几年，再看看，为您找到最适合的住处。"

帮助父母寻找更多住房选择

父母一开始可能会拒绝让他们搬家的建议，但这并不意味着父母永远都不会改变他们的想法，这可以从迈克·麦格拉思以及我的朋友伊丽莎白的经历中看到。你需要耐心、毅力，最重要的是，还要有同情心。

毕竟，你认为房子可能是一种财务损耗，可在父母看来，那是一个充满爱的家的记忆，所以给他们时间。鼓励父母分享他们在家的美好时光，在他们谈到房子的弊端时帮助他们找到重点。给父母讨论利弊的机会，而你，则要静静地倾听。这样，也许能帮助他们尽早意识到该搬家了。

随着父母对搬家的想法越来越开放，你也可以帮助父母拓宽他们的选择。如今有如此多的不同类型的房子可供选择，相信他们会找到既适合自己需要，又在合理价格范围内的住处。

- **活跃的年长者社区**：这些社区为 55 岁及以上的年长者在可以低成本维护的房屋中提供独立生活空间，有一整套度假村式的设施，而且往往周边医疗、购物和娱乐配套完善。
- **独立生活社区**：类似活跃的年长者社区，这类社区往往有年龄限制。住房选择包括公寓、共管公寓或独立屋。有些可能包括家政服务、饮食和社交活动。[12] 根据 SeniorLiving.org 的数据，费用每月从 1 500 美元到 10 000 美元不等。[13]
- **住房和城市发展部资助的年长者住房**：低收入的老年人可以通过美国住房和城市发展部项目寻找经济适用的住房，这些项目包括公共住房、多户补贴房屋、租房券。
- **持续护理退休社区**：这些社区在统一园区内可以提供独立生活、辅助生活、专业护理等服务，以方便年长者选择适合自己的住处。这些社区的住房选择往往是最昂贵的，根据美国退休者协会的数据，入门费从 10 万美元至 100 万美元不等，每月费用从 3 000 美元至 5 000 美元不等。[14]

- **安老院**：这类地方提供住宿和照顾（如日常饮食和活动协助），在一个类似家庭的环境中为一小群年长者服务。安老院可能比辅助生活机构更便宜。[15]
- **辅助生活机构**：如果父母需要人帮助洗澡、穿衣、散步或其他日常活动，辅助生活机构可能是他们的理想选择。这里通常可以选择一居室、单人间或双人间。根据 Genworth 2018 年的护理费用调查，辅助生活机构的每月平均费用是 4 000 美元[16]。
- **记忆照护中心**：如果父母罹患阿尔茨海默病，他们可以在记忆照护中心的私人或半私人房间得到额外的照顾。这里设施安全，有相应的设施防止病人走失。根据 SeniorLiving.org 的数据，其费用从 3 000 美元到 6 000 美元不等。[17]
- **专业护理中心**：专业护理中心为正在康复的病人提供 24 小时服务，包括受伤、中风或其他健康问题的康复病人，并对不能照顾自己的病人提供长期护理。根据 Genworth 2018 年的护理费用调查，半私人房间的月租金平均为 7 441 美元，整间包房需要 8 365 美元。[18]

14 如果第一次沟通被父母拒绝

让父母开启与你的财务沟通需要时间。

如果已经尝试了一两次都没有成功，请不要放弃。这需要坚持。

我并不是建议你，要表现得像超市通道里蹒跚学步的孩子，在得到想要的糖果前，一直不停地哭闹，你也不想吵得让父母只想躲着你。不过，你也大可不必认为，到目前为止父母一直在回避金钱话题，你就永远和父母都说不通了。

"尝试去交谈并不是一件坏事。"理财规划师丹尼尔·拉许说[1]，"如果经过多次尝试，父母也无动于衷，那你暂时就先这样。但如果告诉父母为什么这些事情对你很重要，大多数父母都会给出一些反馈，父母不会完全无视你的。"

这句话出自一个和自己的父母谈过他们的财务状况，并成功帮助客户与他们的父母开启财务对话的人之口。所以，考虑到这一点，这里有一些策略也许能帮助你与最不情愿的父母开启对话。

请第三方介入

让我们面对现实吧：父母可能仍然把你当作一个孩子。你可能已经45岁，是一名事业蒸蒸日上的医生，但在父母心里，他们还是把你当成曾经的那个叛逆少年。所以，难怪父母很难与你分享财务细节，父母认为这些都不关你的事。

老年护理专家琳达·福德里尼-约翰逊说，在这种情况下，请第三方介入会有所帮助。尽管父母拒绝了你与他们讨论财务的努力，不过，父母可能愿意向理财规划师、律师，甚至是老朋友敞开心扉。

你可以向那些已与父母建立了联系的第三方寻求帮助，请他们在父母财务事务的关键点上鼓励父母让你有所了解。例如，你已经知道母亲的姐姐曾经和她的子女们谈论过财务情况，那么，你可以请姨妈与母亲分享：在紧急情况发生时，如果姨妈的孩子们需要了解她的财务状况，该如何准备法律文件，以防万一。

如果你想找律师或金融专业人士协助父母，毕竟他们不能与你直接分享父母的财务或法律信息。但是，可以让他们说服父母与你谈谈。或者你可以邀请父母见见你自己的理财规划师、会计师或律师，预演如果你出现紧急状况，父母应该怎么办。

另一种选择是去拜访年长者护理经理，也被称为老年生活护理经理或老年护理经理。这些专业人士是帮助家庭内部进行沟通、解决问题、做养老规划的专家。你可以描述父母的性格，向护理经理寻求个性化的对话方法，琳达说。在美国，年长者生活护理协会（Aging Life Care Association）有一个成员目录，你可以搜索网站 AgingLifeCare.org，寻找你附近的专业人士。

使用动机性访谈

“动机性是什么？”别让术语阻碍你。

“动机性访谈”是一种咨询方式，旨在帮助那些抗拒改变的人克服障碍，做出改变。金融心理学家布拉德·孔兹博士[3]说，这种方法常用于治疗药物和酒精成瘾症。孔兹博士建议，如果父母不愿意分享他们的任何财务信息，可以试试这个方法。

不管这种方式叫什么名字，动机性访谈的关键是倾听——倾听父母不想与你谈论财务状况的理由，然后重新组织他们的陈述，而不是问父母为什么不想和你分享财务信息。

下面是一个动机性访谈如何起作用的例子。

假设你曾试图和母亲一起讨论立遗嘱的重要性，但母亲总是拒绝你想要进行对话的尝试——可能是因为谈论遗嘱和遗产规划会使她想到死亡，所以不想谈这个。现在你可以试着把这个话题再提一次。

你：嘿，妈妈，我觉得立个遗嘱很重要。

母亲：我不需要遗嘱。

你：好吧。所以您看不出立遗嘱有什么价值。

母亲：我并不是说没有价值。

你： 所以您认为立遗嘱是有价值的。也许，我们可以谈谈它可能对您的价值。

如果母亲继续后退，孔兹博士说你可以这样回应："所以您觉得我们是否了解您想要什么，并不重要？"

请注意，这段示例对话中没有使用"为什么"这个词。如果你开始问"为什么"，父母可能变成一种防御或戒备的状态，那是你不希望看到的，孔兹博士说。动机性访谈可以避免冲突，让父母思考自己不想做或不想讨论的原因，有可能让他们逐渐不再抗拒你。

让父母想起他们的父母

如果父母丝毫不动摇，也许是时候使出大招了。

我的意思是，告诉父母不要重复他们自己的父母所犯的错误。当然，你并不能这样说："您总是抱怨自己不得不处理您父母留下的麻烦，因为他们没有立下遗嘱，但现在您要对我做同样的事。"你可以温和地提醒父母他们过去经历过的挣扎（或目前仍在应对）是他们的父母缺乏理财规划或不愿意谈论财务问题的结果。

当我不得不让母亲交出她的车钥匙的时候，我就使用了这种方法——尽管拿到车钥匙可能比和父母讨论他们的财务状况还难。

当我母亲处于阿尔茨海默病早期时，她开车会糊涂，会忘记要到哪儿去。我知道我必须拿走母亲的车钥匙，以保护她和路上的其他人。所以我提醒母亲，一次她父亲也就是我的外公发生了什么。

我母亲带我和妹妹去外公家，把我们留下与外公待在一起，然后母亲去看望外婆，当时外婆在医院接受心脏康复治疗。

母亲很明确地告诉我们不能和外公开车出去，因为外公记不住东西，可能会迷路。当然，你可能猜到接下来发生了什么事。我提醒母亲，当时外公邀请我和妹妹开车去兜风，我和妹妹不知该如何礼貌地拒绝，因为我们当时都不到 10 岁。于是外公开着车带着我们出发了……一路上，我和妹妹一直问外公“您是否知道现在在哪里”，因为我们确信外公迷路了。

我告诉母亲，当时我们都吓坏了，我不能让同样的事情在她身上重演，我不能让母亲危及自己或他人。我相信母亲听到这句话时很难过，但最终母亲把车钥匙交给了我。我觉得母亲如此合作，是因为我表达得很清楚，我是在照顾她，而不是试图剥夺她的权利。

你可以告诉父母，他们分享经济状况就如同赠送给你的一份礼物——一份他们可能希望从自己的父母那里得到的礼物。

希望这能引起父母的共鸣，因为父母不想让你经历他们所经历的痛苦。

就触发点达成一致

如果当下父母拒绝与你谈论他们的财务情况，那你可能需要他们确认一个能与你分享信息的场景。金融心理学家格雷欣博士[4]建议可以这样说："我不想控制和剥夺您的自由和独立。"然后可以问父母："我们是否可以设定一个共同认可的标记？也就是我们需要考虑一、二、三……这些事了。我想让您告诉我，在什么情况下可能需要更多支持？需要我做些什么？"

关键是要让父母考虑触发事件，像中风、失智、失去配偶，这样的触发事件会让他们需要向你寻求帮助。

让父母列一个清单，并给你一份清单副本，即在哪些情况下父母希望你给予帮助。这样你就知道什么时候，父母需要比现在更多的支持，格雷欣博士说。你要向父母指出，通过创建这个列表，你给了他们控制权。如果某种情况真的发生，一定要提醒父母，他们已经同意与你在这种情况下分享财务信息。

采取间接方法

父母可能不愿意向你"说出"任何财务情况，不过，他们可能会同意"写下"你想要的信息。

可以告诉父母，你理解他们不愿意分享个人财务细节的想法，不过，补充说明下，当紧急情况发生时，获得这些信息对你很重要。然后问父母，是否愿意列出银行账户、保险单、法律文件，以及遗嘱（如果有的话）等信息。告诉他们可以自己先保管好这一清单，但需要告诉你，万一紧急情况发生，你在哪里可以找到清单。

我创建了一个填写“紧急情况”的记事表格，你可以在CameronHuddleston.com上很方便地下载这份表格，然后把它送给父母。表格中要求提供相关信息——包括财务、健康状况和个人信息。在你需要照护父母，或父母百年之后，这些信息都十分重要。

这种策略对那些不愿意公开谈论财务状况的父母很有效。这张表格让父母自己掌控财务等信息，而这些信息在你需要的时候，父母也可以给到你。

再说一次，让父母知道紧急情况下，你在哪里可以找到他们的表格是非常重要的。如果父母还是很谨慎，请父母分步骤进行，根据紧急场景列出一个清单，看看哪些信息在你需要时，是可以提供给你的。

15 成功与不情愿的父母沟通

有些人读了本书，运用第 7 章中提供的开场白技巧后，很容易就开启了与父母沟通财务情况的话题。对另一些人来说，情况则显得有些困难。

正如本书第 3 章所述，因为若干原因，父母可能不愿意和子女谈论“钱”。也许你想：“嗨！我可真走运，几乎上述所有的原因我父母都有，我父母压根儿不和我交流（钱）。只要我提这个话题，母亲就会打岔说别的，父亲则让我少管闲事。我该怎么办呢？”

当然，如果你多次受阻，会感觉似乎不值得花时间和父母讨论他们的经济状况。不过，如果你愿意继续努力，你的努力可能会有回报，就像珍和乔尔所做的那样。他们的父母在财务上都经历过困境，因此不愿意谈论钱。但是珍和乔尔都不想坐看父母经济拮据，所以父母的不情不愿，未能阻挡住他们尝试的步伐。

渐渐地，珍和乔尔与他们的父母开始谈论财务状况，打开了更好管理父母财务的大门。他们都承认未来还有工作可做。

珍和乔尔的故事证明了一点：即使是最不情愿的父母，也有可能敞开心扉。他们的故事还说明为什么开启谈话是重要的，也说明了早谈比晚谈更好的道理——因为，对一些家庭而言，沟通需要花费很多时间。

珍的故事

对珍来说，让母亲公开她的财务状况仍然是件需要不断推进的难事。

走到今天着实不容易，不过珍一直坚持，因为她知道母亲为经济问题所困扰。珍希望在事情还来得及时，尽可能帮助母亲使财务步入正轨。

在珍成长的过程中，她的家人从不谈论钱。“我只是假设我父母一切都好。”她说，“据我所知，我们从未负债，从未使用过信用卡。我父母没有赚很多钱，不过，我们也没有消费太多昂贵的东西。”

然而，珍的父亲患了肝硬化，当时珍 13 岁，家里开始领取伤残津贴。2006 年，父亲去世，珍年仅 16 岁，家里不再领取伤残津贴。没有这个第二收入来源，珍的母亲真不知道该怎么办才好。“生活中习以为常的一切都处于危险的边缘。”珍说，“这是母亲财务崩溃的开始。”

珍知道母亲赚钱不多，实际上母亲好长时间都没有工作了。2011 年和 2012 年为了照顾珍的祖母，母亲有好几个月没有工作。

当 2012 年研究生毕业后，珍搬回家和母亲同住，她知道，母亲的消费习惯是不可持续的。“我知道她不可能生活得很好。”珍说，“我知道她不可能为退休存下钱，我只是不知道事情目前的严重程度。”她想问，但母亲根本不想谈，因为母亲心里满是内疚和羞愧。

与此同时，珍谨慎地管理着自己的财务。珍 2015 年结婚，她和丈夫都试图尽快还清助学贷款。珍甚至创建了一个博客[1]，2016 年开始记录她和丈夫是如何还清 78 000 美元债务的。

珍会和母亲分享一些她的省钱技巧，和母亲聊聊金钱话题。有些时候，这个方法起点作用。“我明白这是一个比询问更好的方法。”珍说。

当家里的一些亲戚从外地来到镇上，珍和他们聊自己和丈夫如何管理好自己的财务状况，谈到自己读过金融大师戴夫·拉姆齐（Dave Ramsey）的《金钱大改造》（*The Total Money Makeover*）[2]一书。一位表姐说，她上了拉姆齐的一门理财课程。所以，珍利用这个机会问母亲，是否想和自己一起参加拉姆齐为期 9 周的“财务平安大学”（*Financial Peace University*）。多年来，珍一直希望母亲参加这个课程，但母亲一直不同意。

但是这次，珍认为母亲听了这位理财高手表姐的推荐，可能愿意去参加课程。“要从别人那里听到——我知道父母不会从自己的子女身上学习经验。”珍说。她是对的，这次母亲同意去参加课程。

“我想和母亲一起踏上这段旅程，尽我所能支持她。”珍说。但是每次下课后珍问母亲是怎么看怎么想的，母亲都沉默不语。

直到2016年11月课程结束的时候，母亲终于敞开心扉。“我母亲说：‘我不认为我可以改变这一切。我就这样了，这就是我。’”珍说。

这引发了一场满是眼泪、哭泣的情感宣泄。珍意识到母亲的财务问题远不止是钱的问题。“我从不知道这背后有这么多难处。”珍说，“这真的很令人惊讶。”

然而，直到2017年，珍才知道事情到底有多糟糕。珍和丈夫要在市场上寻找他们的第一套房子，所以花了很多时间看网上的房地产信息。就在那时，珍发现母亲的房子被列为止赎[①]，更糟糕的是，止赎已经超过900多天了。

“我问：‘妈，这是怎么了？’”珍说。“母亲则说，‘那是弄错了’，一笑置之。”

珍知道自己不会得到任何答案，但她决不放弃。几个月后，珍的母亲终于承认，她的房子是在止赎。

最后，珍帮母亲举办了一场庭院拍卖[②]，并搬到一个便宜的一居室公寓。珍还鼓励母亲多了解一下雇主提供的401（k）退休计划。“母亲照做了，并开始把收入的一部分存入公司的401（k）退休计划。”珍说，“她真的感到很自豪。我也为母亲感到骄傲，我也让母亲知道，她能做到真的很棒。”

然而，因为母亲退休储蓄很少，珍知道只要母亲身体健康允

---

① 因未及时缴纳每月贷款等，丧失抵押品赎回权，房子将由贷款机构收回。——译者注

② 在庭院中出售旧货。——译者注

许，就需要工作。而母亲的健康问题，可能会让这一切变得困难。所以，珍一直在给母亲一些建议，比如，加强锻炼，健康饮食——这样母亲才能提高自己的健康水平，工作更长时间。

自从上了理财课程，珍的母亲就一直在减少购物，在购买之前仔细思考是否需要购买。母亲请珍帮忙做晚餐规划，因为珍在亚马逊上出版了一本关于饮食规划可实现省钱的书。“我并不认为母亲执行了饮食计划，不过，母亲确实找了我，并聊了这个话题。”

尽管母亲在某些方面有所进步，珍仍然能看到她在财务规划上的失误。珍说她会尽量委婉地提出自己的建议，而不是批评母亲，“我必须学会选择一些场景去有针对性地争辩，我过去是每一次都和母亲争吵。”珍说。“这种方式把母亲推开了，更具破坏性，而不是建设性。”

珍也知道她还需要和母亲一起聊很多关于财务的话题——比如母亲是否有遗嘱或生前预嘱，在能自主决定时她需要什么样的医疗照护等。“这些对话是我们的下一个目标。”珍说。尽管如此，珍觉得自己在让妈妈打开心扉谈财务这件事上，已经取得了很大进展，这多亏了她们一起上的理财课程。

教训：这表明第三方介入有助于让不情愿的父母与子女开启财务谈话（如本书第 14 章所述）。珍的经验表明，在财务事务上主动提供帮助而不是问探索性的问题更容易与父母开启财务话题。

乔尔的故事

乔尔小的时候，他的父母经常为钱争吵。他们在经济上苦苦挣扎。父亲失业后，不得不从一个低薪工作跳到另一个低薪工作。“这造成了很多家庭经济问题。”乔尔说。事实上，到了乔尔 13 岁时，父母宣告破产，这简直糟透了。

“这造成了很多羞辱和难堪。”他说。导致的后果是金钱根本不是他父母想要谈到的东西，甚至父母彼此之间也不提。

乔尔说，父母的破产给他上了宝贵的一课。“在看到这件事后，我做出了决定。”他说，“我想解决我的财务问题，我不想再像我父母那样在婚姻中因为钱而出状况。”所以乔尔和妻子经常聊天——至少每周，有时是每天讨论他们的财务状况。乔尔甚至通过播客“如何理财”与他人分享理财建议。不过，他和父母的对话一直很困难。

“每次和父母谈论他们的财务问题，都很难。”乔尔说，“我想这是他们过去在钱的问题上痛苦不堪所致，我需要小心翼翼地加以处理。”

一开始，乔尔承认，他并没有很小心地对待这些对话。

当他第一次试着和父母聊经济问题的时候，他 20 岁出头，父母 50 多岁，乔尔太强势了。“我可能一开始就把他们拒之门外了。”他说，“我可能想要帮父母解决所有的财务问题，但这确实不是任何人想要的。”

而且，乔尔自认为比父母更懂钱，试图纠正父母的错误，结果却适得其反。乔尔意识到，其实父母只是想让他理解他们的困境，而不是修正他们的投资策略。过了一段时间，乔尔说："我从高高的马背上滑下，开始和父母进行真诚和关爱的谈话。"

实际上，乔尔花了3到4年的时间来摸索正确的谈话方式，让父母愿意讨论钱的话题。

他采用的方法是寻找可以为父母提供帮助的小方法。例如，结婚后不久，乔尔做了颌骨手术，恢复期和父母一起生活了一段时间。有一次父母谈到他们银行账户的事，乔尔得知银行每月向父母收取18至20美元的账户维护费。因此他提出，帮助父母把钱转到另一个没有月维护费的账户里。然后，他又帮助父母找了其他省钱的方法。

随着时间的推移，乔尔与父母的对话内容，从具体的账单和储蓄方式到父母"关于钱和优先支出"的想法。比如，"您说这些年来您一直想去旅行，但为什么没有去呢？您为什么不优先把钱安排在这件事上呢？"乔尔说。"我想知道他们优先考虑的是什么，我想要听听他们最关心什么。"乔尔说自己想实实在在做些能够帮助父母的事。所以当父母说他们重视哪些事情时，他会问他们是否可以按照这种重视程度来安排开支。

这类问题为乔尔和父母更好地对话打开了大门，并为乔尔提供了帮助父母改善财务状况的方法。"我知道这些年来，钱对我父母来说是个大问题。我知道我的婚姻稳定，源于我和金钱相处融洽。我希望我的父母也能这样。我想看到父母以更科学的方法来管理他们的财务。这是令人鼓舞的。我想帮他们看到这一点，因为我知道当你管理金钱的水平很差时，你的生活是那种难堪的状态。”

另外，尽管看起来可能有些自私，乔尔说他想要父母的财务状况好起来，也是想让他和他的兄弟姐妹的日子好过些。“我希望父母做好准备。因为若父母离世，经济状况一团糟会给子女们造成很多问题。”他说。“所以这件事一直在我脑海中盘旋。但最重要的是，我希望父母活得更好。我想要父母有一个更健康的理财方法，因为我知道健康的理财方法对我来说有多好，我希望他们也能这样。”

这就是为什么乔尔一直在温柔地推进与父母关于财务问题的对话。

有时，谈话可能只有 5 分钟。有时，他们会在餐桌上聊 30 分钟或更久。有时，父母甚至来找乔尔，专门听听他的建议。现在父母都 60 多岁了，正在考虑退休。乔尔的父母问他应该多大年纪开始领取社会保险金（他的回答是：等待的时间越长，他们的月收入就会越高）。父亲向他咨询过是应该从雇主账户里一次性领取一大笔养老金，还是每隔一段时间领取定额养老金。乔尔也告诉过母亲，工作会增加她的退休金数量。

当父母买新房子时，他说服父母贷 15 年期抵押贷款而不是 30 年期抵押贷款，因为这样退休后，就不用每月支付一大笔贷款。

乔尔说，如果他没有花几年的工夫，与父母轻松地交流钱的话题，那么，今天和父母一起进行这样的对话是不可能的。你不能要求父母突然之间就公开他们所有的财务细节，不能期望他们突然敞开心扉。“你只有在投入了时间后，才有可能得到这些问题的答案。”乔尔说。

关于父母的财务状况，乔尔还有很多事情要和父母商量。“但我正在努力保持良性的平衡，不唠叨，不着急，我非常爱他们。”他说，“至少，谈话的渠道现在是开放的，我们可以来来回回讨论。”

教训：面对不情愿的父母，不要表现得太强硬。花时间让父母轻松地谈论钱很重要。

16 当父母说“不”

伊莉斯一次又一次试着和母亲沟通财务问题，因为她担心妈妈退休后难以养活她自己。

伊莉斯母亲经营一家小卖部有 40 多年了。从 2010 年开始，生意已不太好。事实上，母亲曾对她的第二任丈夫——伊莉斯的继父，说过抵押房子来帮忙维持小卖部的经营。最要紧的是，伊莉斯的母亲得了肺炎，必须进行麻醉治疗，而治疗导致药物性昏迷。“她尽可能地在恢复，但她永远不会再回到原先的健康状态了，”伊莉斯说，“受此影响的后果之一是母亲的小卖部彻底停业。”

小卖部不得不关张，这并不是唯一的财务问题。“我母亲从不善于理财，这一点直到我长大了才明白。她生来有钱。我的外祖父母很富有。我母亲认为自己是继承人，所以她不存钱。”伊莉斯知道，她母亲 2002 年从去世的母亲那里继承了一笔钱。但钱在信托里，伊莉斯不知道信托里到底有多少钱。伊莉斯试着和母亲谈退休后能否收入无忧，但不管伊莉斯说什么，母亲总是不回应，绝口不提钱。“我知道如果她更自信，她会更愿意开启财务话题的。”伊莉斯说，“事实是，母亲在财务上需要帮助，而这让她难以启齿。”

由于知道母亲可能不会对财务现状敞开心扉，伊莉斯只能自己着手做些事。她为母亲开立了一个储蓄账户，“我提前做了规划，以防出现大问题，但还是希望事情朝好的方向发展。”她说。

尽管尽了最大努力，父母也可能永远不会轻松地与我们分享财务信息。你可以试试本书中建议的所有开场白和策略，不过，如果他们继续犹豫，因为一些根深蒂固的抗拒因素或害怕而不谈论金钱，那就可以像伊莉斯一样，是时候提出 B 计划了。

做最后的尝试以得到一些信息

如果父母再次拒绝你想要对话的尝试，可以询问他们，是否至少能允许你了解他们有无遗产规划文件，如遗嘱、授权委托书或生前预嘱，或如果他们聘请了金融专业人士，能否把专业人士的姓名告诉你。金融心理学家布拉德·孔兹博士[1]建议说类似这样的话：“如果您感到和我们聊这些话题不太舒服，那么假如万一出现什么意外，我们可以联系谁——您的律师或会计？”

如果没有任何人可以联系，你的父母也没有遗产规划文件，可考虑提供部分或全额费用请律师协助起草这些文件。让父母知道，你不必看那些文件，但要强调，当他们去世，或是丧失行为能力时，这些文件对防止家庭不和或财务灾难是多么重要。如果当他们去世后，你不得不处理他们的遗产，或者他们不能再自己做出财务或医疗保健决定时，你可以扮演侦探来获取你需要的相关信息。但是，无论是你还是任何其他人，在没有获得委托的情况下都没有法律上的权力处理父母的财务——这意味着，你们将不得不经历漫长且花销巨大的法律程序。

决定你愿意和能够做什么

即使父母不愿意与你分享任何关于他们财务状况的信息，未来有一天，他们仍然有可能需要得到你的帮助。**这就是为什么你需要现在就弄清楚，你愿意做什么，你能做些什么**。乔·尼尔森[2]是国际金融理财师和基石金融的创始人。他说：“如果你事先很清楚，当它出现的时候，你就不会那么情绪化。在高度情绪化的状态下，人们做出的财务决策往往不是最佳的。”

本书第 15 章分享了珍的故事，珍给予母亲一些改善财务状况的建议，不过珍和丈夫决定不为珍的母亲提供任何经济上的支持。珍说“这是为了我们和她的尊严。”

珍意识到母亲的财务失误不是珍自己的，她不必为没有支持母亲的财务感到内疚——即使母亲曾试图让她感到内疚。珍说，建立边界感来保护自己的情绪健康和财务健康十分重要。

你可能会决定现在开始存钱，以帮助你父母；或者保留你现在的房子以便把父母接过来同住，而不是孩子一离开家，就换成小房子。你可以决定你不能或不想为父母提供经济支持，但可以努力照顾父母，或者你可能根本无法帮助父母。只是，你需要让你的兄弟姐妹知道你的情况，这样他们可以做出统筹安排，尼尔森说。

和兄弟姐妹制订计划

即使父母不愿谈论他们的经济状况，你和你的兄弟姐妹也需要对话。尼尔森说，你应该和他们谈谈，在父母需要帮助时，你们每个人将扮演什么角色以及如何扮演。“即使在最好的情况下，如果没有提前沟通，兄弟姐妹们对护理的不同看法都可能在家庭中产生摩擦。”尼尔森说。

本书第5章中谈过，如何在和你父母谈话之前与兄弟姐妹沟通。即使你父母拒绝和你谈论财务状况，第5章中的很多建议仍然适用于你与你的兄弟姐妹的沟通。花时间阅读或者再读一遍那一章，有助于你和兄弟姐妹沟通关于父母的财务和幸福问题。

理想情况下，不应该只和兄弟姐妹说，谁该做这个，谁该做那个，而应该制订一个完整的行动计划。如果父母因健康方面的问题，需要你们中的一个不得不放弃工作来照顾，其他兄弟姐妹应该决定是否能提供资金支持——如果可以的话，支持多少？你们可以商量，共同为父母设立一个应急基金，因为如果父母没有给你们中的任何一人授权委托，那么你们没有人可以支配他们的银行账户。你和兄弟姐妹可以开立一个储蓄账户，在最终通过法律程序取得监护权之前，每人每月供款，这样就有现金来支付父母的账单。

你们也应该讨论父母的临终关怀问题。如果父母没有生前预嘱，也没有具体说明他们想要的医疗照护，最好在父母需要做出决策前，你和你的兄弟姐妹共同商量，就父母的医院生命支持系统使用情况达成一致意见。事先进行这些讨论，并斟酌具体细节，有助于在紧急情况出现时，避免不必要的家庭冲突。

如果你的兄弟姐妹中有一个或所有人不想参与其中，那就持续向兄弟姐妹报告进展，你在经济上为父母正在提供什么样的帮助，或如何照顾他们的身体。不要给他们任何理由认为你刻意保守秘密，或对父母的钱使用不当。

管好自己的财务

父母给予我们成长的环境、食物、所需的衣服。他们可能帮我们买了第一辆车，供我们念完大学，在我们还没找到工作前让我们搬回家住，帮我们支付婚礼费用，甚至帮我们买了第一套房子。

绿林资本的国际金融理财师约翰·库珀[3]告诉他的客户，“从爱父母的角度来考虑这件事，你想要尽你所能，这完全可以理解。不过，身为人父或人母的你也有一个重要的角色去完成，必须确保你自己的财务处于正常状态。

因此，在担心父母之前，先管理好自己的财务状况。弄清楚你想要和需要做什么——无论是清偿债务，每个月储蓄更多的钱以备退休，还是建立应急基金以备不时之需，或者为孩子的大学教育储备金钱。

你可能会发现，你可以实现自己的财务目标，同时又有能力帮助父母。这些事你需要去计划，而不是摸着石头过河，走哪儿算哪儿。

例如，虽然珍目前没有在财务上帮助母亲，不过，她正在存钱，以备母亲长期护理所需。担心母亲退休收入不够花销的伊莉斯，也在做着同样的事情。

如果你不做计划，你真的有可能以牺牲自己的财务安全为代价来实现对父母的支持。然后，迫使你的孩子进入这样的状态——选择是否牺牲自己的幸福来帮助你、支持你。你不想让孩子必须做这样的选择，对吗？

关于你的财务情况，可以考虑向理财顾问寻求帮助。有些理财顾问是按小时收费的，所以见几次面、起草一份财务计划可能不会花费太多。

如果你不能或者不想支付理财咨询费用，还有大量的免费资源。你的银行网站可能有关于个人理财的文章和信息，你工作单位的退休计划网站也一样。相关的政府部门的网站都有大量各类财经信息。还有很多网站有个人金融内容。花时间增加自己的理财知识后，你会发现，万一父母不幸陷入财务僵局，自己帮助起父母来也会更得心应手。

罹患阿尔茨海默病的父母

如果父母拒绝分享他们的财务信息，又不幸患上阿尔茨海默病或其他认知障碍症，为保护父母免受经济损失或物质损失，你需要介入。

这并不意味着你应该直接接管一切，至少一开始不要。主动协助设置自动账单支付，或者帮助父母完成其他财务工作，这样父母就能有更多时间做他们喜欢做的事情了。帮助父母获取信用报告的免费副本，然后建议父母和你一起浏览报告，寻找可能遭受财务欺诈的蛛丝马迹——比如他们从未开过的账户之类。

如果你能找到让自己融入父母财务生活的方法，那么你就能逐渐收集他们的账户信息，检查他们是否有被骗的迹象，并确保他们明智地管理财务。我们的目标是站在父母的立场上，帮助父母做出有利于他们的财务决定，而不是当父母能力下降时更多地控制他们。

如果父母抗拒你所有的努力，那么你可能不得不偷偷收集用以帮助和保护父母的信息。例如，你可能需要拿走父母钱包里的信用卡，只留下以存款额为消费担保限额的借计卡，这有助于防止父母过度透支。你可能需要检查一下父母的邮件，以拦截捐款请求、彩票抽奖和其他现金要求的邮件。或者你可能需要开始提醒父母防止因失去记忆而犯的财务错误——以一种关心的而非居高临下的方式让父母知道，你想保护他们。要做到这一点，需要告诉父母以合作而非抵抗的方式对待你的努力。

如果父母指定你为他们的代理人，你将能够进行财务决策和交易。这时，你必须有法律文件的原件。没有父母授权的法律文件，没有哪家金融机构会简单地相信你的口头陈述。如果父母不愿意告诉你授权文件在哪里，且显然不再能自行管理财务，请在家里寻找授权文件。如果知道父母的律师是谁，可以打电话给律师解释一下情况，问问他/她是否有你父母的授权文件。大多数律师只保留客户的复印件，有时律师可能持有原件。不过，律师通常不会给你，除非你能证明父母已失去民事行为能力。

如果父母没有签署授权委托书，你很可能将不得不诉诸法庭获得监护权——管理你父母财务的法律权利（本书第4章已有解释）。证明父母不再有能力自己管理财务，这可能是一个昂贵而漫长的过程。如果你被指定为监护人，（在美国）你得向法院提交年度报告，展示你是如何管理父母财务的。

事实证明：当父母失忆或身体状况不佳以至于无法独立处理财务问题时，协助父母管理财务非常困难。

但是，如果缘于父母的抵制而不帮助他们，那么他们可能犯灾难性的财务错误，成为财务欺诈的受害者，陷入身无分文的困境。

放下内疚

我曾说过，由你来决定是否要帮助父母以及你想要的参与程度。

如果你已经尝试过请父母分享他们的财务细节，准备法律文书，解决财务问题，但是父母始终拒绝，那么你需要接受，目前你能做的暂时仅限于此。你很难用危及自身财务（或情感）健康的方式，去修缮父母的财务问题。也许，是时候允许自己放手了。

17 让爱传递：和你的孩子谈谈你的钱

很明显，你购买本书是因为认识到与父母谈论财务状况的重要性，以及在父母无法自行处理财务情况时，提前了解父母意愿的重要性。

接下来的问题是：你开始与你的孩子谈论自己的财务状况了吗？你家里有关于金钱的话题吗？你是否正在采取措施来确保财务安全，以免你的孩子不会因帮助你而牺牲自己的财务安全？

一项由 Ameriprise 公司开展的调查发现，尽管婴儿潮一代的大多数人和父母谈论财务话题，但是他们却并不总是与自己的孩子进行同样的对话[1]。根据这项调查，通常的原因是他们还在考虑，或者还没想过。

你可能也有同感。事实上，我们都可能如此，我们忙于日常不得不做的事务，以至于忘记花时间去计划未来。然而，在你意识到这一点之前，你自己就会处于在需要子女帮助的时候，你的孩子却因为你从未让他们了解你的财务状况而无法介入。这就是为什么我们不应该等待而要着手和孩子开启财务对话。

本书并不是要建议你向孩子分享每一个财务细节，尤其是你的孩子尚在年幼之时。不过，有些事情你应该和他们讨论，以避免未来孩子对你的财务状况感到意外。更重要的是，你需要做一些事情来保护你的财务安全，不要给孩子增加不必要的负担。

确保准备好遗产规划文件

我已经数不清有多少次，从朋友那里听他们说“一直想找时间写一份遗嘱”这句话了（是的，如果你是个人理财专栏作家，这个话题是人们经常向你请教的）。大多数 30 多岁或 40 多岁有孩子的人士，我想告诉你们：绝不能把写遗嘱这事再多推迟一天了。如果离世时没有留下遗嘱，法官将决定谁将得到什么——这也包括了你的孩子的归属问题。

遗嘱允许你为未成年子女指定监护人。法律还允许你指定一个人来管理你为孩子留下的所有身后资产。我的经验告诉我，很多父母推迟写遗嘱，是因为他们不知道该指定谁为监护人。这可能是一个艰难的选择。问题是，难道你宁愿自己不做决定，而让一个从不认识你、从不了解你的价值观的法官来做这个决定吗？！

即使你的孩子已经长大成人，你仍然需要一份遗嘱或信托，让别人知道你的愿望，防止家人为了谁得到什么、谁没有得到什么而争吵。不管你认为你的孩子会有多好，我认识的每一位遗产规划律师都说，当事人离世后，家人会为某些事情争吵真的是非常令人吃惊的。“我有一个家庭案子，我正竭尽全力为一个修剪了一年庭院草坪的孩子打官司，希望孩子能得到补偿。”律师杰克·伯克利说。

花点时间和律师会面，起草一份遗嘱或生前信托，这样你就可以对谁得到什么资产有发言权，即使你没有很多资产。见律师的时候，也别忘了起草授权委托书和医疗照护事前指示文件。

你不必给孩子财务和医疗保健授权书，只要指定一位你信任的人即可。并且，一定让孩子知道，你已经起草了这些文件，以及这些文件的存放地点。你可能要花几百美元或上千美元才能完成遗产规划文件的起草工作，这取决于你情况的复杂程度。不过，这些文件绝对物有所值，它们会让你的孩子在面对你未立遗嘱就亡故、未立遗嘱就陷入昏迷、未指定代理人或律师就罹患阿尔茨海默病等突发情况时，免受经济上和情感上的纠结和困扰。

你也要确保持有的保单和退休金账户有指定的受益人。这样当你不幸亡故时，钱款会直接打到受益人账户，而不须通过遗嘱认证程序来解决。

退休储蓄优先

许多婴儿潮一代和 X 世代因对孩子太慷慨而使自己的资金处于风险状态。美林（Merrill Lynch）和老龄潮公司（Age Wave）的一项研究发现，父母向他们 18~34 岁的成年子女**每年提供约 5 000 亿美元的财务支持**[2]。

父母为一切买单：从助学贷款到食品杂货，从手机账单到房租。事实上，根据这项研究结果，近 3/4 的父母说会把孩子们的利益看得比自己的退休需要更重要。

作为父母，我们需要支持我们的孩子。不过，现在到了我们为了子女的财务健康以及我们自身的财务健康，而不得不切断这种支持的时候。

如果你一直支持你的孩子，而不考虑自己的退休储蓄，随着年龄的增长，你终有一天会变得在经济上依赖子女。你可能并不想那样。而且，你的孩子可能也没有准备好——如果他们多年来一直依赖于“父母银行”，没有为自己的财务独立奋斗过。

所以，如果你把自己的财务安全放在一边，冒险去支持他们，也许是时候和你的孩子谈谈了。他们甚至可能没有意识到你为了帮助他们而做出的牺牲。如果你明确表示，需要更多地关注自己的退休储蓄，这样你就不会有朝一日搬入孩子们的地下室，他们可能很快就会意识到，得停止依赖你的财务支持了。

如果孩子还小，你已经开始为退休储蓄，那么你可能永远都不需要进行这样的谈话。理财规划师通常建议至少存下每年收入的 10%~15%，才足够支持相对舒适的退休生活。

但这个假设的前提是，你 20 岁开始为退休储蓄，60 岁才退休。根据你现在的年龄和收入，如果想退休，使用退休金计算器可以更好地了解你需要存多少钱。你的雇主退休金计划也可以为你提供计算服务。从网络上也可以找到很多计算服务。像富达投资和先锋领航（Vanguard）等投资公司在它们的网站上会提供免费的退休金计算器。一些公司也可以为你提供收费的更深入的退休需求分析。

如果需要在“为孩子上大学存钱”和“为自己的退休生活存钱”两者之间做选择，你应该选择后者。没有所谓的退休贷款，而上大学有助学贷款。也许，你不想要你的孩子毕业后背负助学贷款。不过，请记住，相对于你为自己退休储蓄，孩子们会有更多时间把欠款还清。

利用好你的雇主退休金。在美国，如果你的雇主提供退休金计划，401（k）、403（b）或457是为退休储蓄的最简单方法，因为款项可以自动从你的工资中做税前扣除（这会降低你的应税收入）。此外，许多雇主会将个人缴纳部分匹配到单位退休缴纳账户。最常见的比率是1美元对1美元，大多数公司要求个人至少缴纳收入的6%到401（k）计划，以获得全额匹配的单位退休金。[3] 如果你的工作单位提供的是等额供款，而你没有存入足额的个人应缴额，那么你就是在放弃一份退休金福利。

如果你的雇主没有提供退休金计划，那么你可以开立个人退休账户（IRA）或者罗斯个人退休账户（Roth IRA），投入嘉信理财（Charles Schwab）、富达投资或先锋领航这样的低费率投资公司运作。如果你是个体经营者，你可以选择个人版401（k）、SEP IRA或SIMPLE IRA，以及传统的个人退休账户或罗斯个人退休账户。

做好长期护理的准备

从长远来看，我们可能犯的最大错误就是没有做好长期护理规划。你或你的配偶（或伴侣）因身体状况或者精神问题无法照顾自己时，就会需要长期护理。调查显示，大约 70% 的 65 岁及以上的成年人在某些阶段需要长期护理，超过一半的人需要长达 90 天的高水平的护理。[4]

我知道，想到总有一天需要有人帮自己做一些事情——比如帮你开车去杂货店，提醒你按时吃药，确保你的账单得到支付，甚至帮你上厕所，确实令人很沮丧。不过，忽视未来你可能需要别人帮助这件事，并不能减少它发生的概率。这意味着你和你的家人如果没有做好准备，就可能会让你和你的孩子在财务上遭受重创。要知道长期护理是十分昂贵的。

根据 Genworth 2018 年的护理费用调查，在美国不同护理的费用大约是：家庭健康护理员或辅助生活机构的服务每月约 4 000 美元；在专业护理机构租一间包房，每月约 8 000 美元。当然，如果你有很多钱，你可以自掏腰包支付护理费用。其实你可以通过**长期护理保险**减少你的自付费用。一般来说，你购买长期护理保险时越年轻，你的保费（保险的成本）会越便宜。保费的多少也取决于你想要的保险利益，以及你申请时的健康状况。此外，你选择的保险公司也会影响保费，因为不同的公司收费差别很大。例如，美国长期护理协会（American Association for Long-Term Care）发现，一名 55 岁的男子要获得 16.4 万美元的护理保险利益，年缴保费从 835 美元到 2 196 美元不等[6]。所以与保险经纪人合作很重要，经纪人可以在几家公司之间帮你比较价格。

你不必买一份能覆盖全部护理费用的保险，那样保费会十分昂贵，难以负担。可以考虑收入来源中能支付护理费用的部分，比如社会保障或养老金。剩下的差额，用足够的保险来加以弥补。例如，你每月领取 2 000 美元的社会保险金，你所在地区的辅助生活服务费用是每月 4 000 美元，那么只需要每月大约 2 000 美元的保额。

利用好健康折扣优势，你也可以降低长期护理保险的成本。你越年轻（45~55 岁），通常健康状况越好。如同汽车保险和房屋保险一样，你可以通过选择更高的免赔额、更长的等待期来降低保费。等待期越长，即保险生效前你自掏腰包支付的天数越长，保费越低[7]。你也可以通过选择提供有限保障的固定受益期，而非无限的受益期限来节约成本。根据美国长期护理协会的数据，一份 5 年受益期的保单最高可比无期限受益的保单节省 27% 的保费。夫妻可以通过选择共享保险利益，即任何一方或双方都可以从共享资金池里获得护理金，来节省保费。不要选择无通货膨胀保护的储蓄方式。有通胀保护的储蓄虽增加了成本，但它将确保你的保险利益增长能跟上护理费用上涨的步伐。

另一个可以考虑的选择，是包含长期护理条款的**混合人寿保险**[8]。这通常是终身寿险，提供的是贯穿一生而非一定年限的保险，但包括一个所谓的附加条款，即可从死亡抚恤金（将支付的金额）中提取长期护理费用。如果长期护理保险金从未被使用，人寿保单会给付寿险保额。如果你不愿意为可能永远都不需要的长期护理买单，那么这种保险是很有吸引力的。不过，你通常必须支付一大笔比如 5 万美元或更多预付保费[9]，当然有些保险公司允许你在一定时间段内分期完成缴费。此外，这类保险的长期护理保险赔付额度往往比传统长期护理保险少[10]。

如果你手头有现金，你也可以投资**长期护理年金**。你可以一次性购买，然后在一段时间内，取得确定的超过一定回报率的持续现金流。你投资的款项会进入两个基金——长期护理基金和日常开支基金。长期护理年金的优点是，如果你未使用长期护理，你可以将年金作为收入来源。但是，在你需要长期护理时，年金的现金流可能不足以支付护理费用[11]。

一些政府项目可以帮助支付长期护理开支，本书第 12 章有讲到。政府医疗保险不支付大多数长期护理服务，通常只支付出院后在护理机构的短期护理服务开支[12]。政府医疗补助可支付家庭长期护理和专业护理服务，但通常不会支付辅助生活机构里的服务费用。医疗补助需要符合相应申请条件，你的收入和资产不能超过一定的标准，该标准由你所在的州决定[13]。退伍军人事务部还为低收入的退伍军人支付长期护理服务费用。[14]

当然，你可以像大多数美国人那样面对长期护理——依靠家庭成员的帮助。如果你希望从你孩子那里得到照顾，你要意识到那样做可能会给孩子们带来巨大的经济压力。因为护理有可能是一份全职工作，你的孩子可能不得不放弃工作来帮助你。如果你视孩子为唯一的长期护理的依靠，你需要尽早和他们交流，以便给他们留出时间，为他们自己的财务做好准备。另外，如果孩子告诉你，他们无法照顾你，你也会有足够的时间想出备用的 B 计划。

整理自己的财务清单

本书第 9 章给出了建议你应从父母那里收集的信息列表。同样，你也应该依此建立自己的财务信息清单。你可以使用网上下载的“紧急情况清单”模板整理，也可以创建自己的个性化文件。

你不必现在就把这张清单交给你的孩子，你只需持续更新它，并确保你的孩子或你在遗嘱中指定的子女监护人知道去哪里可以找到清单。当紧急情况发生时，这将省去他们绞尽脑汁、翻箱倒柜去寻找的痛苦。如果你需要帮助，他们会更容易帮到你。

安排一个时间谈谈，并保持交流

如果你告诉自己会找时间和孩子进行“谈话”，那么你一定要安排一个确定的时间，坐下来聊聊。如果你家里不经常谈论财务话题，你的孩子可能会觉得有点奇怪，为什么你想和他们见面讨论自己的财务状况。你可以迅速消除孩子们可能的担心，向孩子们说明，你只是想要所有人共同了解一些事，这没有什么可奇怪的。毕竟你在慢慢变老，有一天会退休。以下是一些需要讨论的事情。

谈你的退休计划

如果你有理财规划，不要只是告诉你的孩子“所有的事情都搞定了”。要告诉他们，你退休后想要的生活方式——你是否会继续住在你现在的家里，是否会搬家，是否会将大部分时间用来旅行或是做志愿者。

为什么？因为如果孩子们有了自己的孩子或者打算成家，他们可能认为你会帮忙照顾他们的孩子。如果这根本不是你计划的一部分，那么你需要告诉孩子们，让他们了解。孩子们可能也需要时间来适应你准备卖掉家里的房子这种计划。告诉孩子们你的退休计划，可能会帮助他们制定自己的理财规划。或者简单地向孩子们保证你退休后一切都会很好。

如果你还不确定退休后如何生活，孩子们也需要知道，你是否需要他们以某种方式帮助你。如果你因为尴尬而推迟谈话，那么只会让孩子们更加为难。因为这样一来，孩子们将只有更少的时间规划自己的财务，并做出调整来帮助你。你还需要知道，孩子们可以对你提供什么程度的支持。孩子们可能并无意愿卷入你的事——或许听起来有些刺耳，这意味着你需要准备一份B计划。

谈你老了以后想住在哪里

正如本书第13章中所述，大多数人不想因为年龄的增长而搬家。即使你的健康状况已不再允许，但待在家里对你仍非常重要，那你一定让孩子们知道这一点。当然，你也需要采取必要的步骤，让这件事成为可能。这意味着要存足够的钱，支付房屋改造费，以使房子适合年长者居住。这可能意味着持有长期护理保单，支付在家护理的费用。但这并不意味着当你年岁更大些时，指望孩子们暂时放弃他们的事业和家庭在家帮助你。

如果你并不决意要留在家里，让孩子们了解这一点。如果孩子们知道，当你需要时可以将你送到一个你能得到照顾的地方是没问题的，这将会大大减轻孩子们的负担。事实上，你可能想要找到你愿意接受的年长者生活照料机构，把你认可的机构名单交给孩子们。

谈你最后的愿望

不管你以及你的孩子有多不想去考虑离世这件事，但有一天它总会来临。如果你让孩子们知道你的最终愿望，那么你可以让你的身后事，对孩子们来说变得更容易、更无疑义。

我已经告诉我的孩子们（在他们还相当年轻的时候），我希望被火化，并且由他们选择把我的骨灰撒在哪里。我丈夫也希望被火化，不过他要将骨灰埋在一棵树下。我发现，公开谈论死亡，可以消除对死亡终将来临的担忧。我很感激我母亲在阿尔茨海默病恶化前和我有过这样的对话。我甚至知道母亲想要什么样的服务。

让你的孩子知道你是否接受土葬、火化或者遗体捐赠。告诉他们，你希望得到哪种类型的服务，是否需要你特别喜欢的读物或歌曲，全部记下来，等那个时候来临时，就没有任何疑问。

最重要的是，这些对话应该持续下去。让孩子们了解你的最新情况。随着年龄的增长，不断解决新的问题，对所有人都会有帮助，也会让你的孩子安心。你要知道，如果有朝一日需要孩子们帮助的话，只有及时分享了相应信息，他们才能够有效地帮助你。

注释

01

1. Katie Bugbee（2017）, “How Senior Care Impacts Families Financially, Emotionally and in the Workplace,” https://www.care.com/c/stories/7303/how-senior-care-impacts-families-financially/（Accessed Jan. 2, 2019）.

02

1. Fidelity Investments（2016）, “2016 Fidelity Investments Family & Finance Study Executive Summary,” https://www.fidelity.com/bin-public/060_www_fidelity_com/documents/Family-Finance-Study-Executive-Summary.pdf（Accessed Jan. 2, 2019）.
2. Gallup, Jeffrey M. Jones（2016）, “Majority in U.S. Do Not Have a Will,”https://news.gallup.com/poll/191651/majority-not.aspx（Accessed Jan.2, 2019）.
3. AARP（2000）, “Where There Is a Will... Legal Documents Among the 50+ Population: Findings from an AARP Survey,” https://assets.aarp.org/rgcenter/econ/will.pdf（Accessed

Jan. 2, 2019）.

4. Caring.com, "Estate Planning by the Numbers," https://www.caring.com/articles/estate-planning-by-the-numbers-info-graphic（Accessed Jan. 2,2019）.
5. Insured Retirement Institute（2016）, "Boomer Expectations for Retirement 2016," https://www.myirionline.org/docs/default-source/research/boomer-expectations-for-retirement-2016.pdf?sfvrsn=2（Accessed Jan. 2, 2019）.
6. Urban Institute, Richard W. Johnson（2016）, "Who Is Covered by Private Long-Term Care Insurance?" https://www.urban.org/research/publication/who-covered-private-long-term-care-insurance（Accessed Jan. 2, 2019）.
7. Ameriprise Financial（2007）, "Ameriprise Financial Money Across Generations Survey Reveals Finances Still a Taboo Topic at the Family Dinner Table," https://www.businesswire.com/news/home/20071115006123/en/Ameriprise-Financial-Money-Generations-SM-Study-Reveals（Accessed Jan. 2, 2019）.
8. Fidelity Investments（2016）, "Fidelity Investments Family & Finance Study Executive Summary,"https://www.fidelity.com/bin-public/060_www_fidelity_com/documents/Family-Finance-Study-Executive-Summary.pdf（Accessed Jan. 2, 2019）.

03

1. Dr. Brad Klontz, https://www.yourmentalwealth.com/about-us/dr-brad-klontz/（Accessed Jan. 3, 2019）.
2. Dr. Mary Gresham, http://doctorgresham.com/（Accessed Jan. 3, 2019）.
3. True Link Financial（2015）, "The True Link Report on Elder Financial Abuse 2015," http://documents.truelink-financial.com/True-Link-Report-On-Elder-Financial-Abuse-012815.pdf（Accessed Jan. 2, 2019）.

04

1. Doug Nordman, https://the-military-guide.com/for-the-media/authorsbiography/（Accessed Jan. 3, 2019）

05

1. Kathy Kristof, http://www.kathykristof.com/about-me/（Accessed Jan. 3, 2019）.
2. Linda Fodrini-Johnson, https://eldercareanswers.com/about-us/meetour-founder/（Accessed Jan. 3, 2019）.

06

1. Dr. Mary Gresham, http://doctorgresham.com/（Accessed Jan. 3, 2019）.

2. John A. Johnson（2012）, "Are 'I' Statements Better Than 'You' Statements?" *Psychology Today*, https://www.psychologytoday.com/us/blog/cuibono/201211/are-i-statements-better-you-statements（Accessed Jan. 2, 2019）.
3. Dr. Brad Klontz, https://www.yourmentalwealth.com/about-us/dr-brad-klontz/（Accessed Jan. 3, 2019）

07

1. John Cooper, http://wealth.greenwoodcapital.com/our-team/john-wcooper-cfp（Accessed Jan. 3, 2019）.
2. Josh Nelson, https://www.keystonefinancial.com/team-members/joshnelson/（Accessed Jan. 3, 2019）.
3. Daniel Lash, http://www.vlpfa.com/team/daniel-p-lash-cfp-aif（Accessed Jan. 3, 2019）.
4. Marguerita Cheng, https://www.blueoceanglobalwealth.com/our-team .html（Accessed Jan. 3, 2019）.
5. Jan Valecka, https://janvalecka.advisorwebsite.com/（Accessed Jan. 3, 2019）.

08

1. Ryan Inman, https://physicianwealthservices.com/（Accessed Jan. 3,2019）.

09

1. Social Security Administration, "Request for a Social Security Statement," https://www.ssa.gov/hlp/global/hlp-statement-7004.htm（Accessed Jan. 3, 2019）.
2. Funeral Consumers Alliance, "Should You Prepay for Your Funeral? Safer Ways to Plan Ahead," https://funerals.org/?consumers=should-youprepay-for-your-funeral（Accessed Jan. 3, 2019）.
3. Social Security Administration（2018）, "Fact Sheet," https://www.ssa.gov/news/press/factsheets/basicfact-alt.pdf（Accessed Jan. 3, 2019）.
4. Social Security Administration, "Delayed Retirement Credits," https://www.ssa.gov/planners/retire/delayret.html（Accessed Jan. 3, 2019）.

10

1. American Bar Association（2015）, "Power of Attorney," https://www.americanbar.org/groups/real_property_trust_estate/resources/estate_planning/power_of_attorney/（Accessed Jan. 3, 2019）.
2. Josh Berkley, https://www.berkleyoliver.com/About/（Accessed Jan. 3, 2019）.
3. National Institute on Aging, "Advance Care Planning:

Healthcare Directives," https://www.nia.nih.gov/health/advance-care-planning-healthcaredirectives（Accessed Jan. 3, 2019）.

4. American Bar Association（2012）, "Law for Older Americans," https://www.americanbar.org/groups/public_education/resources/law_issues_for_consumers/directive_whatis/（Accessed Jan. 3, 2019）.
5. Elizabeth Sigler, https://www.boamlaw.com/attorney/elizabeth-w-sigler/（Accessed Jan. 3, 2019）.
6. American Bar Association, "Myths and Facts About Health Care Advance Directives," https://www.americanbar.org/content/dam/aba/migrated/Commissions/myths_fact_hc_ad.authcheckdam.pdf（Accessed Jan. 3, 2019）.
7. American Bar Association, "Myths and Facts About Health Care Advance Directives," https://www.americanbar.org/content/dam/aba/migrated/Commissions/myths_fact_hc_ad.authcheckdam.pdf（Accessed Jan. 3, 2019）.
8. American Bar Association, "Myths and Facts About Health Care Advance Directives," https://www.americanbar.org/content/dam/aba/migrated/Commissions/myths_fact_hc_ad.authcheckdam.pdf（Accessed Jan. 3, 2019）.
9. Liza Hanks, https://www.lizahanks.com/（Accessed Jan. 3, 2019）.

10. American Bar Association（2013）, “Wills and Estates: The Probate Process,”https://www.americanbar.org/groups/public_education/resources/law_issues_for_consumers/probate/（Accessed Jan. 3, 2019）.
11. Brette Sember, “Do All Wills Need to Go Through Probate?” LegalZoom, https://www.legalzoom.com/articles/do-all-wills-need-to-go-throughprobate（Accessed Jan. 3, 2019）.
12. American Bar Association（2012）, “Wills and Estates: The Probate Process,”https://www.americanbar.org/groups/public_education/resources/law_issues_for_consumers/probate/.
13. Liza Hanks, https://www.linkedin.com/in/lizahanks/（Accessed Jan. 3, 2019）.

11

1. Marguerita（Rita）Cheng, https://www.linkedin.com/in/marguerita cheng/（Accessed Jan. 3, 2019）.
2. National Adult Protective Services Administration, “Elder Financial Exploitation,” http://www.napsa-now.org/policy-advocacy/exploitation/（Accessed Jan. 3, 2019）.
3. Securities and Exchange Commission Office of the Investor Advocate（2018）, “Elder Financial Exploitation: Why It Is a Concern, What Regulators Are Doing About It, and Looking Ahead,” https://www.sec.gov/files/elder-financial-ex-

ploitation.pdf (Accessed Jan. 3, 2019) .

4. Kathy Stokes, https://www.linkedin.com/in/kathy-stokes-9920032/ (Accessed Jan. 3, 2019) .
5. New York State Office of Children and Family Services (2016) , "The New York State Cost of Financial Exploitation Study," https://ocfs.ny.gov/main/reports/Cost%20 of%20Financial%20Exploitation%20Study %20FINAL%20 May%202016.pdf (Accessed Jan. 3, 2019) .
6. New York State Office of Children and Family Services, (2016) , "The New York State Cost of Financial Exploitation Study," https://ocfs.ny.gov/main/reports/Cost%20 of%20Financial%20Exploitation%20Study%20 FINAL%20 May%202016.pdf; National Center on Elder Abuse, https://ncea.acl.gov/whatwedo/research/statistics.html; Stacey Wood and Peter A. Lichtenberg (2016) , "Financial Capacity and Financial Exploitation of Older Adults: Research Findings, Policy Recommendations and Clinical Implications," National Institutes of Health, https://www .ncbi.nlm.nih.gov/pmc/articles/PMC5463983/ (Accessed Jan. 3, 2019) .
7. Alvaro Puig (2015) , "Avoiding MoneyWiring Scams," Federal Trade Commission, https://www.consumer.ftc.gov/blog/2015/08/avoiding-moneywiring-scams (Accessed Jan. 3, 2019) .

8. Better Business Bureau, “10 Red Flags You Are Being Scammed,” https://www.bbb.org/us/storage/158/documents/press%20releases/RedFlags201.pdf (Accessed Jan. 3, 2019).
9. FINRA Investor Education Foundation, “How to Recognize a Free Lunch Investment Seminar Scam,” https://www.saveandinvest.org/video/recognize-free-lunch-investment-seminar-scam (Accessed Jan. 3, 2019) .
10. Financial Industry Regulatory Authority, “Red Flags of Fraud,” http://www.finra.org/investors/red-flags-fraud (Accessed Jan. 3, 2019) .
11. AT&T Community Forums, (2017) , “Anonymous Call Rejection (*77) – Traditional Landline,” https://forums.att.com/t5/AT-T-Phone-Features/Anonymous-Call-Rejection-77-Traditional-Landline/td-p/5137752 (Accessed Jan. 3, 2019) .
12. Financial Industry Regulatory Authority, “Investment Advisers,” http://www.finra.org/investors/investment-advisers; Will Kenton, (2018) , “Registered Investment Advisor,” Investopedia, https://www.investopedia.com/terms/r/ria.asp (Accessed Jan. 3, 2019) .
13. Certified Financial Planner Board of Standards, “CFP Certification Requirements,” https://www.cfp.net/become-a-cfp-professional/cfp-cer tification-requirements (Ac-

cessed Jan. 3, 2019）.

14. Financial Industry Regulatory Authority, “Red Flags of Fraud,” http://www.finra.org/investors/red-flags-fraud（Accessed Jan. 3, 2019）.
15. Federal Bureau of Investigation, “Health Care Fraud,” https://www.fbi.gov/investigate/white-collar-crime/health-care-fraud（Accessed Jan. 3,2019）

12

1. Nationwide Retirement Institute（2018）, “Long-Term Care: Insights From the 2018 Nationwide Health Care and Long-Term Care Consumer Survey,” https://nationwidefinancial.com/media/pdf/NFM-17455AO.pdf?_ga=2.191349034.1266470792.1545401316-1440804513.1545401316（Accessed Jan. 3, 2019）.
2. Bipartisan Policy Center（2017）, “Financial Long-Term Services and Supports: Seeking Bipartisan Solutions in Politically Challenging Times,” https://bipartisanpolicy.org/wp-content/uploads/2017/07/BPCHealth-Financing-Long-Term-Services-and-Supports.pdf（Accessed Jan. 3, 2019）.
3. Bipartisan Policy Center（2017）, “Financial Long-Term Services and Supports: Seeking Bipartisan Solutions in Politically Challenging Times,” https://bipartisanpolicy.org/wp-content/uploads/2017/07/BPC-Health-Financing-Long-

Term-Services-and-Supports.pdf (Accessed Jan. 3, 2019) .

4. Bipartisan Policy Center (2017) , "Financial Long-Term Services and Supports: Seeking Bipartisan Solutions in Politically Challenging Times," https://bipartisanpolicy.org/wp-content/uploads/2017/07/BPC-Health-Financing-Long-Term-Services-and-Supports.pdf (Accessed Jan. 3, 2019) .

5 Bipartisan Policy Center (2017) , "Financial Long-Term Services and Supports: Seeking Bipartisan Solutions in Politically Challenging Times," https://bipartisanpolicy.org/wp-content/uploads/2017/07/BPC-Health-Financing-Long-Term-Services-and-Supports.pdf (Accessed Jan. 3, 2019) .

6. LongTermCare.gov, "What Is Medicare and What Does It Cover?" https://longtermcare.acl.gov/medicare-medicaid-more/medicare.html (Accessed Jan. 3, 2019) .

7 Genworth, (2018) , "Cost of Care Survey 2019," https://www.genworth.com/aging-and-you/finances/cost-of-care.html (Accessed Jan. 3, 2019) .

8. LongTermCare.gov, "What Is Covered by Health & Disability Insurance," https://longtermcare.acl.gov/costs-how-to-pay/what-is-covered-byhealth-disability-insurance/index.html (Accessed Jan. 3, 2019) .

9. Bipartisan Policy Center (2017) , "Financial Long-Term Services and Supports: Seeking Bipartisan Solutions in Po-

litically Challenging Times," https://bipartisanpolicy.org/wp-content/uploads/2017/07/BPCHealth-Financing-Long-Term-Services-and-Supports.pdf（Accessed Jan. 3, 2019）.

10. Associated Press-NORC Center for Public Affairs Research, "Long-Term Caregiving: The True Costs of Caring for Aging Adults," https://www.longtermcarepoll.org/project/long-term-caregiving-the-true-costs-ofcaring-for-aging-adults/（Accessed Jan. 3, 2019）.
11. LongTermCare.gov, "What Is Long-Term Care?" https://longtermcare.acl.gov/the-basics/what-is-long-term-care.html（Accessed Jan. 3, 2019）.
12. Genworth（2018）, "Cost of Care Survey 2019," https://www.genworth.com/aging-and-you/finances/cost-of-care.html（Accessed Jan. 3, 2019）.
13. Debra Newman, https://www.linkedin.com/in/debracnewman/（Accessed Jan. 3, 2019）.
14. Linda Fodrini-Johnson, https://www.linkedin.com/in/linda-fodrini-johnson/（Accessed Jan. 3, 2019）.
15. Caring.com, "What Is Memory Care?" https://www.caring.com/seniorliving/memory-care-facilities（Accessed Jan. 3, 2019）.
16. Aging Care, Marlo Sollitto, "What's the Difference Between Skilled Nursing and a Nursing Home?" https://www.aging-

care.com/articles/difference-skilled-nursing-and-nursing-home-153035.htm（Accessed Jan. 3, 2019）.

17. Genworth（2018）, "Cost of Care Survey 2019," https://www.genworth.com/aging-and-you/finances/cost-of-care.html（Accessed Jan. 3, 2019）.
18. SeniorLiving.org, "Masonic Senior Care Organizations," https://www.seniorliving.org/basics/special-interest-groups/masonic-seniorhousing/（Accessed Jan. 3, 2019）.
19. Masonic Communities of Kentucky, "About Masonic Communities," http://www.masonichomesky.com/about-us/（Accessed Jan. 3, 2019）.
20. Masonic Home of Florida, http://www.masonichomefl.com/admissions.html（Accessed Jan. 3, 2019）.
21. Life Happens, "What You Need to Know About Long-Term Care Insurance," file:///C:/Users/Alex/Downloads/LifeHappens%20Guide%202018%20Branded.pdf（Accessed Jan. 3, 2019）.
22. Newman Long Term Care, "IRS Issues Long-Term Care Premium Deductibility Limits for 2018," https://www.newmanlongtermcare.com/2016/11/irs-issues-long-term-care-premium-deductibility-limits-for-2018/.
23. Medicaid.gov,（2016）"Long Term Services & Supports," https://www.medicaid.gov/medicaid/ltss/index.html（Ac-

cessed Jan. 3, 2019）.

24. LongTermCare.gov, “State Medicaid Programs,” https://longtermcare.acl.gov/medicare-medicaid-more/medicaid/index.html（Accessed Jan. 3, 2019）.
25. Kristen Hicks（2018）, “How to Become a Paid Family Caregiver,” A Place for Mom, https://www.aplaceformom.com/blog/how-to-become-apaid-family-caregiver/（Accessed Jan. 3, 2019）.
26. U.S. Department of Veterans Affairs, “VA Nursing Homes, Assisted Living, and Home Health Care,” https://www.va.gov/health-care/about-vahealth-benefits/long-term-care/（Accessed Jan. 3, 2019）.
27. U.S. Department of Veterans Affairs, “Aid & Attendance and Housebound,”https://www.benefits.va.gov/pension/aid_attendance_housebound.asp（Accessed Jan. 3, 2019）.
28. LongTermCare.gov, “Veterans Affairs Benefits,” https://longtermcare.acl.gov/medicare-medicaid-more/veterans-affairs-benefits.html（Accessed Jan. 3, 2019）.
29. U.S. Department of Veterans Affairs, “Veteran-Directed Care,” https://www.va.gov/geriatrics/guide/longtermcare/veteran-directed_care.asp（Accessed Jan. 3, 2019）.
30. U.S. Department of Housing and Urban Development, “How the HECM Program Works,” https://www.hud.gov/program_

offices/housing/sfh/hecm/hecmabou（Accessed Jan. 3, 2019）.

31. LongTermCare.gov, “Reverse Mortgages,” https://longtermcare.acl.gov/costs-how-to-pay/paying-privately/reverse-mortages/index.html（Accessed Jan. 3, 2019）.
32. Consumer Financial Protection Bureau（2018）, “Considering a Reverse Mortgage?” https://pueblo.gpo.gov/Publications/pdfs/6107.pdf（Accessed Jan. 3, 2019）.
33. Consumer Financial Protection Bureau（2018）“Reverse Mortgages: A Discussion Guide,” https://pueblo.gpo.gov/Publications/pdfs/6271.pdf（Accessed Jan. 3, 2019）.
34. Megan Thibos,（2012）“Understanding Reverse Mortgages,” Consumer Financial Protection Bureau, https://www.consumerfinance.gov/aboutus/blog/understanding-reverse-mortgages/（Accessed Jan. 3, 2019）.
35. Bipartisan Policy Center（2017）, “Financial Long-Term Services and Supports: Seeking Bipartisan Solutions in Politically Challenging Times,” https://bipartisanpolicy.org/wp-content/uploads/2017/07/BPCHealth-Financing-Long-Term-Services-and-Supports.pdf（Accessed Jan. 3, 2019）.
36. IRS（2018）, “Retirement Topics: Exceptions to Tax on Early Distributions,” https://www.irs.gov/retirement-plans/plan-participant-employee/retirement-topics-tax-on-ear-

ly-distributions (Accessed Jan. 3, 2019).

37. IRS (2018), "Retirement Plan and IRA Required Minimum Distribution FAQs," https://www.irs.gov/retirement-plans/retirement-plans-faqsregarding-required-minimum-distributions (Accessed Jan. 3, 2019).

13

1. Joanne Binette and Kerri Vasold (2018), AARP, "2018 Home and Community Preferences: A National Survey of Adults Age 18-Plus,"https://www.aarp.org/research/topics/community/info-2018/2018-home-community-preference.html (Accessed Jan. 3, 2019).
2. Harvard Joint Center for Housing Studies and AARP Foundation (2014), "U.S. Unprepared to Meet Housing Needs of Its Aging Population,"http://www.jchs.harvard.edu/sites/jchs.harvard.edu/files/jchs_housing_americas_older_adults_2014_press_release_090214.pdf (Accessed Jan.3, 2019).
3. Center for Retirement Research at Boston College (2014), "Retirement Delayed to Pay the Mortgage," ttp://squaredawayblog.bc.edu/squaredaway/retirement-delayed-to-pay-the-mortgage-2/ (Accessed Jan. 3,2019).
4. Joanne Binette and Kerri Vasold (2018), AARP, "2018

Home and Community Preferences: A National Survey of Adults Age 18-Plus,"https://www.aarp.org/research/topics/community/info-2018/2018-home-community-preference.html (Accessed Jan. 3, 2019) .

5. Erin York Cornwell and Linda J. Waite (2009) , National Institutes of Health, "Social Disconnectedness, Perceived Isolation, and Health Among Older Adults," https://www.ncbi.nlm.nih.gov/pmc/articles/PMC2756979/ (Accessed Jan. 3, 2019) .
6. Mike McGrath, https://www.epwealth.com/our-team/valencia/michaelmcgrath-cfp-clu/ (Accessed Jan. 3, 2019) .
7. Latitude Margaritaville, https://www.latitudemargaritaville.com/ (Accessed Jan. 3, 2019) .
8. SeniorLiving.org, "10 Unique Retirement Communities for Baby Boomers," https://www.seniorliving.org/retirement/unique-retirementcommunity/ (Accessed Jan. 3, 2019) .
9. Investopedia, J.B. Maverick (2016) , "Top 10 Active Retirement Communities in U.S.," https://www.investopedia.com/articles/retirement/082316/top-10-active-retirement-communities-us.asp (Accessed Jan. 3,2019) .
10. Jeff Anderson (2018) , A Place for Mom, "What Are Continuing Care Retirement Communities (CCRCs) ?" https://www.aplaceformom.com/blog/continuing-care-retire-

ment-communities/（Accessed Jan. 3, 2019）.

11. AARP, "About Continuing Care Retirement Communities," https://www.aarp.org/caregiving/basics/info-2017/continuing-care-retirementcommunities.html（Accessed Jan. 3, 2019）.
12. A Place for Mom, "What Is Independent Living?" https://www.aplaceformom.com/independent-living（Accessed Jan. 3, 2019）.
13. SeniorLiving.org, "Senior Retirement Lifestyles," https://www.seniorliving.org/retirement/senior-lifestyles/（Accessed Jan. 3, 2019）.
14. AARP, "About Continuing Care Retirement Communities," https://www.aarp.org/caregiving/basics/info-2017/continuing-care-retirementcommunities.html（Accessed Jan. 3, 2019）.
15. A Place for Mom, "What Is a Residential Care Home?" https://www.aplaceformom.com/care-homes（Accessed Jan. 3, 2019）.
16. Genworth（2018）, "Cost of Care Survey 2018," https://www.genworth.com/aging-and-you/finances/cost-of-care.html（Accessed Jan. 3, 2019）.
17. SeniorLiving.org, "Finding the Best Memory Care Facility," https://www.seniorliving.org/lifestyles/memory-care/（Accessed Jan. 3, 2019）.
18. Genworth（2018）, "Cost of Care Survey 2018," https://www.genworth.com/aging-and-you/finances/cost-of-care.html（Accessed Jan. 3, 2019）.

14

1. Daniel Lash, http://www.vlpfa.com/team/daniel-p-lash-cfp-aif（Accessed Jan. 3, 2019）.
2. Linda Fodrini-Johnson, https://eldercareanswers.com/about-us/meetour-founder/（Accessed Jan. 3, 2019）.
3. Brad Klontz, https://www.yourmentalwealth.com/about-us/dr-bradklontz/（Accessed Jan. 3, 2019）.
4. Mary Gresham, http://doctorgresham.com/（Accessed Jan. 3, 2019）.

15

1. ModernFrugality.com, https://www.modernfrugality.com/about-me/（Accessed Jan. 3, 2019）.
2. Dave Ramsey, *The Total Money Makeover: A Proven Plan for Financial Fitness*（Nashville, TN: Thomas Nelson, 2013）.
3. How to Money, https://www.howtomoney.com/about-us/（Accessed Jan. 3, 2019）.

16

1. Brad Klontz, https://www.yourmentalwealth.com/about-us/dr-bradklontz/（Accessed Jan. 3, 2019）.
2. Josh Nelson, http://www.keystonefinancial.com/team-members/joshnelson/（Accessed Jan. 3, 2019）.

3. John Cooper, http://wealth.greenwoodcapital.com/our-team/john-wcooper-cfp（Accessed Jan. 3, 2019）.

17

1. Ameriprise Financial（2007）, “Ameriprise Financial Money Across Generations Study Reveals Finances Still a Taboo Topic at the Family Dinner Table,” https://www.businesswire.com/news/home/20071115006123/n/Ameriprise-Financial-Money-Generations-SM-Study-Reveals（Accessed Jan. 3, 2019）.
2. Merrill Lynch and Age Wave（2018）, “Parents Spend Twice as Much on Their Adult Children as They Save for Retirement Merrill Lynch Study Finds,” https://newsroom.bankofamerica.com/press-releases/globalwealth-and-investment-management/parents-spend-twice-much-theiradult（Accessed Jan. 3, 2019）.
3. Stephen Miller, Society for Human Resource Management（2015）, “Dollar-for-Dollar Is Now Most Common 401（k）Match,” https://www.shrm.org/resourcesandtools/hr-topics/benefits/pages/bigger-401kmatches. aspx（Accessed Jan. 3, 2019）.
4. Bipartisan Policy Center（2017）, “Financing Long-Term Services and Supports: Seeking Bipartisan Solutions in Politically Challenging Times,” https://bipartisanpolicy.org/

wp-content/uploads/2017/07/BPC-Health-Financing-Long-Term-Services-and-Supports.pdf（Accessed Jan. 3, 2019）.

5. Genworth（2018），"2018 Cost of Care Survey," https://www.genworth .com/aging-and-you/finances/cost-of-care.html（Accessed Jan. 3, 2019）.
6. Jesse Sloam, American Association for Long-Term Care Insurance, "How Much Does Long-Term Care Insurance Cost? Here Are Costs for 2018 for Leading Long-Term Care Insurers," http://www.aaltci.org/long-termcare-insurance/learning-center/long-term-care-insurance-costs-2015.php（Accessed Jan. 3, 2019）.
7. American Association for Long-Term Care Insurance, "Long-Term Care Insurance: There Are Simple Ways to Reduce the Cost," http://www.aaltci.org/long-term-care-insurance/learning-center/ways-to-save.php（Accessed Jan. 3, 2019）.
8. Elder Law Answers（2018），"Hybrid Policies Allow You to Have Your Long-Term Care Insurance Cake and Eat It, Too," https://www.elderlaw answers.com/hybrid-policies-allow-you-to-have-your-long-term-careinsurance-cake-and-eat-it-too-15541（Accessed Jan. 3, 2019）.
9. American Association for Long-Term Care Insurance, "Compare Life Insurance Policies That Pay for Long Term Care," http://www.aaltci.org/long-term-care-insurance/learning-cen-

ter/life-insurance-ltcbenefits. php（Accessed Jan. 3, 2019）.

10. LongTermCare.gov, "Using Life Insurance to Pay for Long-Term Care," https://longtermcare.acl.gov/costs-how-to-pay/using-life-insurance-topay- or-long-term-care.html（Accessed Jan. 3, 2019）.
11. LongTermCare.gov, "Annuities," https://longtermcare.acl.gov/costshow- to-pay/paying-privately/annuities.html（Accessed Jan. 3, 2019）.
12. LongTermCare.gov, "Medicare," https://longtermcare.acl.gov/medicaremedicaid-more/medicare.html（Accessed Jan. 3, 2019）.
13. LongTermCare.gov, "Financial Requirements," https://longtermcare.acl.gov/medicare-medicaid-more/medicaid/medicaid-eligibility/finan cial-requirements.html（Accessed Jan. 3, 2019）.
14. LongTermCare.gov, "Veterans Affairs Benefits," https://longtermcare.acl.gov/medicare-medicaid-more/veterans-affairs-benefits.html（Accessed Jan. 3, 2019）.

后记

和父母对话，从倾听开始

正如我在第 2 章中所言，尽快和父母交谈会让你安心。这样你就可以真正从容地给予父母终有一天会用得上的帮助，而不至于在仓促沟通中，彼此产生烦腻感。

与此同时，建议你花时间去倾听父母的故事，并把它们记录下来。我知道这与理财没有太多关系，可是，一旦父母不在身边，你会发现这些是特别值得重视的。

我父亲在我的孩子出生前就去世了，所以我的孩子们没有机会听我父亲给我讲的所有关于他的童年的精彩故事。我曾试着去分享这些故事，但我并没有真正做到这一点。

我也给孩子们分享过我母亲给我讲过的她的童年，可是，这与她亲口给孩子们讲是很不一样的——可我母亲做不到了。我的大女儿是我母亲在丧失记忆之前见过的唯一的我的孩子。

真希望能拨转时针，记录下父母讲过的话和故事，更希望能和父母更好地沟通财务问题。幸运的是，我觉得有必要开始和母亲谈财务问题时——不是母亲的所有财务情况，只是其中一部分，是在为时已晚之前。

鼓励母亲在她仍有能力做出决定前，更新必要的法律文件，授予我协助她管理财务的权利；在母亲的阿尔茨海默病恶化时，给予母亲必要的照顾……对于这些，我没有遗憾。

相信我，跟父母谈论财务话题，有朝一日可以让你能更容易帮助他们处理财务问题，绝不会让你后悔。

让你父母知道，与你分享他们的财务状况和分享他们的人生故事一样，是人生的一份重要礼物。这样，你就可以珍藏这些人生记忆，并传承给你的孩子们。

不要等待，今天就开始吧！

致谢

做记者已经20多年了，我却从没想过要写一本书。我的文章通常是千字左右的，所以我不认为自己有能力完成10万字的“长篇巨著”。可我意识到，这本书的主题是如此重要，以至于无法仅用一篇文章，甚至是一系列文章把它说清楚。因此，我要感谢为这本书的出版做出贡献的所有人。

我非常感谢庄森·维格、伊恩·劳瑞，还有我的经纪人——迈尔斯文艺管理公司的埃里克·迈尔斯，帮助我把写书的想法变成现实。没有你们，就没有这本书的诞生。

我要感谢威利公司的迈克·汉森，感谢您给予我机会并耐心地指导我出版我的第一本书。我很感激文案编辑艾米·汉迪，感谢您把我的文字润色得更好。我要感谢威利公司的团队，感谢他们的辛勤工作。

我深深感激那些愿意花时间与我交流的人们，如果没有你们，这本书是不可能出版的。你们把与父母交流的情况分享给我，这样，他人可以从你们的经历中有所收获。我也感谢理财顾问、律师、老年护理专家和其他专家分享经验。

感谢洁芙·芭特莉、赛伦·哈利、凯迪·伍德的额外付出，感谢 GOBankingRates[1] 专栏团队的支持和耐心，因为我不得不削减我的专栏写作，以便有足够的时间写这本书。谢谢你们对我的支持和宽容。

我发自肺腑地感谢我的妹妹罗宾，你愿意逐章阅读并给我反馈。作为咨询顾问，每当我需要处理与父母财务交流的情绪问题时，你的洞察力总是能帮助我。简而言之，你确保我敏锐地覆盖了这个困难话题的所有方面，并在整个过程中，一步一步地鼓励我完成它。

当然，我要感谢我的孩子们，在我写这本书时，你们给予了我鼓励。我特别要感谢我的女儿们，在我周末写作时帮助照管弟弟。我永远感谢我丈夫亚历克斯的支持，感谢你照顾我的妈妈。如果没有你，我是不可能完成这一切的。

最后，我要感谢我的母亲。虽然您永远不会读到这本书，可是，我想让您知道我是多么感激您，对我来说，您一直都伴我左右。我真希望阿尔茨海默病没有夺去您的记忆，也不曾给我撰写此书的理由。可是，事已至此。因此，我希望分享您的故事——我们的故事，去助力其他成年子女去帮助他们的父母。

① 美国纳斯达克上市公司，知名个人理财新闻和特色门户网站。——译者注